江西理工大学清江学术文库

季铵盐改性蒙脱石的表征与吸附应用

罗武辉　肖　婷　袁秀娟　黄祈栋　任嗣利　著

北　京
冶 金 工 业 出 版 社
2021

内 容 提 要

全书共7章，分别介绍了蒙脱石预分散的必要性，季铵盐分子结构、吸附质自身理化性质与改性蒙脱石吸附性能之间的构效关系，以及蒙脱石的复合改性。本书将丰富季铵盐改性蒙脱石在水体污染修复领域的应用，指导选矿废水、含重金属/有机物的工业废水、富营养化地表水等水体污染物的高效吸附分离，为廉价黏土矿物吸附剂的研发设计提供参考，为实践应用提供思路。

本书可供从事黏土矿物材料生产、环境修复领域等行业专家阅读，也可供矿物加工及环境工程专业的本科生和研究生参考。

图书在版编目(CIP)数据

季铵盐改性蒙脱石的表征与吸附应用/罗武辉等著．—北京：冶金工业出版社，2021.12

ISBN 978-7-5024-8633-4

Ⅰ.①季…　Ⅱ.①罗…　Ⅲ.①季铵盐—改性—蒙脱石—研究　Ⅳ.①P578.967

中国版本图书馆CIP数据核字(2021)第242341号

季铵盐改性蒙脱石的表征与吸附应用

出版发行	冶金工业出版社	**电　话**	(010)64027926
地　址	北京市东城区嵩祝院北巷39号	**邮　编**	100009
网　址	www.mip1953.com	**电子信箱**	service@mip1953.com

责任编辑　杨盈园　美术编辑　彭子赫　版式设计　郑小利

责任校对　范天娇　责任印制　李玉山

北京建宏印刷有限公司印刷

2021年12月第1版，2021年12月第1次印刷

710mm×1000mm　1/16；9.25印张；178千字；138页

定价68.00元

投稿电话　(010)64027932　投稿信箱　tougao@cnmip.com.cn

营销中心电话　(010)64044283

冶金工业出版社天猫旗舰店　yjgycbs.tmall.com

(本书如有印装质量问题，本社营销中心负责退换)

前　言

膨润土是一种以蒙脱石为主要成分的黏土矿物，在我国储量丰富，集中分布于广西和新疆等地，然而我国膨润土面临着深加工技术较落后、产品附加值较低的困境。目前，全球膨润土主要应用于铸造、钻井泥浆、铁矿球团等领域，而美国膨润土的主要消费市场为吸附剂领域。提高膨润土附加值，拓展膨润土基复合材料在污水净化、大气污染治理、固废处置等领域的应用具有重要意义。利用季铵盐改性制得有机膨润土过程简单，浙江、江苏、四川等省份均设有有机膨润土生产企业。季铵盐改性蒙脱石（膨润土）对水体污染物的吸附研究多侧重于有机物污染物，对无机污染物的分离研究相对较少。而实际废水中，无机污染物溶解度高、易随水体迁移，对生态环境和人类健康造成严重损害。季铵盐改性蒙脱石吸附水体污染物主要通过分配作用和离子交换等，而两种作用均与改性蒙脱石的结构、吸附质的物化特性等密切相关。研究季铵盐改性蒙脱石对多种污染物的吸附特征，拓展季铵盐改性蒙脱石的环境修复应用，建立构效关系，将为设计高效的改性蒙脱石吸附剂提供数据参考与理论支持。

本书共包含7章，是作者团队近些年科研成果的凝练总结。第1章重点介绍了季铵盐改性蒙脱石常用的表征技术及其环境修复应用现状。第2章论述了预分散对传统季铵盐改性蒙脱石结构的影响，并对比了所制得改性蒙脱石对高氯酸根和甲基红的吸附特征，探讨分析了预分散的必要性。第3章系统地对比研究了传统季铵盐与新兴双子季铵盐改性蒙脱石的结构与组成差异，较详尽地阐明了新兴双子季铵盐改性蒙脱石吸附水体无机或有机污染物（分别选用了铬酸根和苯酚为代表）的潜在优势。第4章以新兴污染物钨酸根为“探针”，研究了改性蒙脱石与钨酸根离子之间的“自洽”机制，为优化蒙脱石改性，拓展改性蒙脱石对污染物的吸附应用提供指导。第 5 章选用了三种不同分子量的黄药为吸附对象，系统地研究了双子季铵盐改性蒙脱石对各黄药的吸附性能，为改性蒙脱石在选矿废水中对黄药的分离应用提供了思路与参考。第 6 章以我国水体富营养化为落脚点，结合赣南稀土地域优势，提出了镧/双子季铵盐联合改性蒙脱石以及 $FeCl_4^-$ 功能化双子季铵盐改性蒙脱石用于水体的同步脱硝除磷，结合了固相表征与水质分析结果，揭示了同步脱硝除磷机制。第 7 章为全书总结。

本书由江西理工大学罗武辉、肖婷、袁秀娟、黄祈栋和任嗣利共同编写完成，罗武辉编写全书的主体内容，肖婷、袁秀娟参与了第 4 章的编写，黄祈栋参与了第 5 章和第 6 章的编写与文献编排，任嗣利对全书进行了审阅与修改。作者的研究工作与本书的出版得到了中国博士后科学基金项目（2018M640604）、江西省博士后择优资助项目（2018KY32）、江西理工大学“清江青年优秀人才支持计划”（JXUSTQJYX2020006）、江西理工大学优秀学术著作出版基金和日本文部科学省奖学金的联合资助。感谢日本九州大学笹木圭子教授，江西理工大学孙涛副教授、黄震副教授、黄志强副教授等人为本书的完成所提供的帮助。

在本书的编写过程中参考了国内外文献资料，在此谨向相关文献资料的作者表示衷心的感谢！

由于作者水平有限，书中难免有疏漏或不妥之处，敬请读者指正。

作　者

2021 年 6 月

目　录

1　绪论 ······ 1

1.1　研究背景与意义 ······ 1

1.2　蒙脱石 ······ 2

1.3　蒙脱石改性 ······ 2

1.4　季铵盐改性蒙脱石的表征技术与环境修复应用 ······ 3

1.4.1　季铵盐改性蒙脱石的表征技术 ······ 3

1.4.2　季铵盐改性蒙脱石的环境修复应用 ······ 10

2　预分散对改性蒙脱石的结构及其对高氯酸根的吸附影响特征与机制 ······ 12

2.1　高氯酸根 ······ 12

2.1.1　污染特征与环境毒理性 ······ 12

2.1.2　高氯酸根污染水体修复技术 ······ 14

2.1.3　季铵盐改性蒙脱石吸附高氯酸根的研究现状 ······ 15

2.2　传统季铵盐改性蒙脱石的合成及其吸附实验 ······ 16

2.3　预分散对改性蒙脱石的影响特征 ······ 17

2.3.1　组成与结构差异 ······ 18

2.3.2　高氯酸根与甲基红的吸附性能对比 ······ 25

2.3.3　预分散的影响机制与必要性分析 ······ 27

3　传统季铵盐与双子季铵盐改性蒙脱石吸附苯酚和铬酸根的对比 ······ 30

3.1　苯酚与铬酸根 ······ 30

3.1.1　污染特征与环境毒理性 ······ 30

3.1.2　苯酚与铬酸根污染水体及土壤修复技术 ······ 31

3.1.3　季铵盐改性蒙脱石吸附苯酚与铬酸根的研究现状 ······ 32

3.2　传统季铵盐与双子季铵盐改性蒙脱石的理化性质对比分析 ······ 32

3.2.1　传统季铵盐与双子季铵盐改性蒙脱石的合成 ······ 32

3.2.2　传统季铵盐与双子季铵盐改性蒙脱石的结构与组成差异 ······ 33

3.3　改性蒙脱石对苯酚与铬酸根的吸附性能对比 ······ 40

3.3.1 动力学 …… 40
3.3.2 等温线 …… 43
3.3.3 改性剂溶出 …… 44

4 烷基链长度对双子季铵盐改性蒙脱石吸附钨酸根的影响特征与机制 …… 46

4.1 钨酸根 …… 46
4.1.1 污染特征与环境毒理性 …… 46
4.1.2 钨污染水体及土壤修复技术 …… 47
4.1.3 季铵盐改性蒙脱石吸附钨酸根的研究现状 …… 48
4.2 双子季铵盐改性蒙脱石的构型调控 …… 49
4.3 双子季铵盐烷基链长度对改性蒙脱石的影响特征 …… 49
4.3.1 双子季铵盐改性蒙脱石的合成及钨吸附实验 …… 49
4.3.2 结构差异 …… 50
4.3.3 吸附性能对比 …… 57
4.3.4 吸附机制分析 …… 61

5 双子季铵盐改性蒙脱石对黄药的高效分离特征与机制 …… 66

5.1 黄药 …… 66
5.1.1 污染特征与环境毒理性 …… 66
5.1.2 矿冶废水黄药处理技术 …… 67
5.1.3 季铵盐改性蒙脱石对黄药的吸附研究现状 …… 67
5.2 改性蒙脱石的合成及其对黄药吸附实验 …… 68
5.2.1 蒙脱石的改性 …… 68
5.2.2 黄药吸附实验 …… 68
5.3 双子季铵盐添加量对改性蒙脱石的结构与性能影响 …… 69
5.3.1 双子季铵盐改性蒙脱石的结构特征 …… 69
5.3.2 改性蒙脱石对黄药的吸附性能与机制分析 …… 74

6 无机/有机复合改性蒙脱石的同步脱硝除磷特征与机制 …… 79

6.1 硝酸根与磷酸根 …… 79
6.1.1 水体氮、磷污染现状与同步脱硝除磷迫切性分析 …… 79
6.1.2 水体同步脱硝除磷技术的研究现状 …… 80
6.2 无机/有机复合改性蒙脱石及其环境修复应用 …… 81
6.3 镧/双子季铵盐改性蒙脱石的结构特征与同步脱硝除磷应用 …… 82
6.3.1 合成与吸附 …… 82

6.3.2　结构特征 ………………………………………………………………… 83
6.3.3　同步脱硝除磷性能 ………………………………………………………… 87
6.3.4　同步脱硝除磷机制 ………………………………………………………… 91
6.3.5　与其他吸附剂的对比 ……………………………………………………… 94
6.4　$FeCl_4^-$ 型双子季铵盐改性蒙脱石的结构特征与同步脱硝除磷应用 …… 95
6.4.1　合成与吸附 ………………………………………………………………… 95
6.4.2　结构特征 …………………………………………………………………… 96
6.4.3　氮、磷吸附特征与机制 …………………………………………………… 103

7　结论 ………………………………………………………………………… 116

参考文献 ……………………………………………………………………… 118

1 绪 论

1.1 研究背景与意义

水乃万物之本，是一种优良的溶剂，可容纳多种污染物。图 1-1 所示为我国主要河流、湖泊和水库的水质比例，其中主要湖泊中 V 类和劣 V 类仍占比较高，主要污染物为氮、磷、有机物等，水质现状不容乐观。另一方面，据 2015 年数据统计，我国工业用水约占全国总用水量的 22%，仅次于农业用水（63.1%），其中电力热力生产和供应业、化学原料和化学制品制造业、纺织业、石油加工炼焦和核燃料加工业、黑色金属冶炼和压延加工业、造纸和纸制品业及食品制造业为高用水行业，且这些高用水行业中部分行业的用水重复率远低于制造业平均水平、排放的废水量大，如造纸和纸制品行业废水排放量占工业废水总排放量的 16.4%，化学原料和化学制品制造业排放量占总排放量的 15.8%，煤炭开采和洗选业排放量占总排放量的 8.7%。污水处理是环境工程专业的重要组成部分。随着我国经济的持续增长和《中国制造 2025》战略的不断推进，我国各行业用水量及各工业废水排放量将继续增加，废水污染物种类增多，水质特征更加复杂，处理难度增大。在众多废水处理方法或工艺中，吸附法操作简单，对环境媒介中微量甚至痕量污染物的去除具有显著的优越性，适用于污水的深度处理。研发相对廉价的黏土矿物基复合材料用于废水污染物分离具有重要意义。

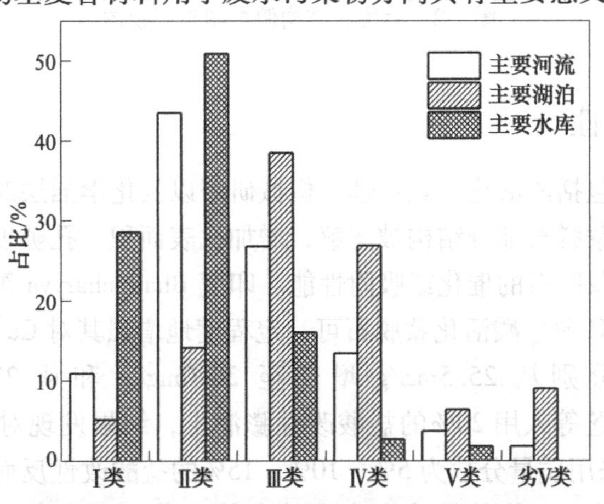

图 1-1 全国主要河流、湖泊和水库的水质比例

1.2 蒙脱石

蒙脱石（montmorillonite），又被称为微晶高岭土、胶岭石，是一种常见的2∶1型层状硅酸盐矿物，因最早被发现于法国 Montmorillon 而得名。蒙脱石与皂石（saponite）共同组成蒙皂石族（smectite），在许多文献中常见用 smectite 表示蒙脱石的混用情况。蒙脱石晶体结构可表示为 $M_{x+y}[(Si_{4-x}, Al_x)(Al_{2-y}, Mg_y)O_{10}(OH)_2]\cdot nH_2O$（见图 1-2），其中 x 和 y 反映了 SiO_4 四面体层和 AlO_6 八面体层的同晶替换程度，通常来说 $x<y$ 且（$x+y$）一般在 0.2~0.6 之间，体现了蒙脱石阳离子交换容量（cation exchange capacity，CEC）的大小；M 为层间可交换阳离子，中和蒙脱石层因同晶替换产生的负电荷，通常为钠离子或钙离子，相应的蒙脱石也因此被称为钠基或钙基蒙脱石。蒙脱石为白色或浅灰色，遇水膨胀，体积增加为原来数倍，具有良好的触变性和润滑性。自然界膨润土主要成分为蒙脱石，通常还含有少量的长石、石英、碳酸盐类矿物。经提纯后，蒙脱石可用于药物控释、制备蒙脱石基纳米复合材料、催化降解或吸附废水污染物等领域。我国膨润土目前累计探明总储量占世界总量 60%，约 80 亿吨，其中 70%为钙基膨润土，主要分布于广西（24%）、新疆（17%）、内蒙古（9%）、河北（7%）以及浙江、安徽、江苏等地。

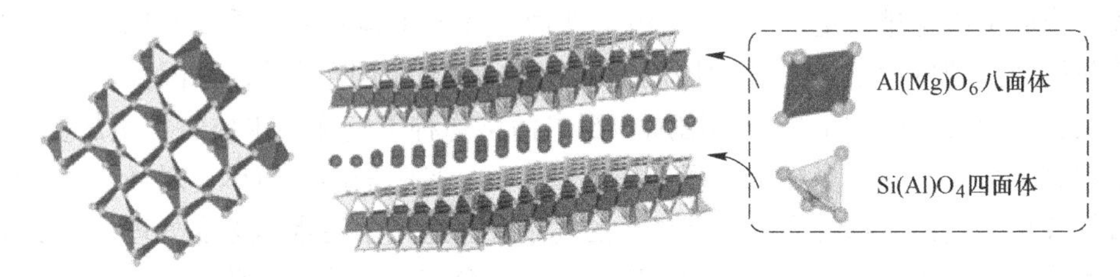

图 1-2 蒙脱石结构俯视图与正视图

1.3 蒙脱石改性

蒙脱石改性包括酸活化、热处理、机械研磨以及化学插层改性等，经过盐酸或硫酸改性后的蒙脱石部分结构被溶解，增加比表面积、孔隙度、表面酸性位点数量，从而改善蒙脱石的催化或吸附性能。印度 Bhattacharyya 等人研究发现，使用 0.25mol/L 的 H_2SO_4 酸活化蒙脱石可一定程度地增强其对 Cu^{2+} 和 Ni^{2+} 的吸附作用，吸附容量分别从 25.5mg/g 增长至 28.0mg/g 和从 21.1mg/g 增长至 21.3mg/g。王代芝等人用 20%的盐酸改性膨润土，结果发现对 Cd^{2+} 的吸附量提高约 1.6%，而采用质量分数为 5%、10%、15%的盐酸改性反而降低了膨润土对 Cd^{2+} 吸附效果。黏土矿物的结构和表面酸度的改变程度取决于酸化条件。印度 Kumar 等人的研究表明，当硫酸浓度从 1mol/L 增加到 8mol/L 时，蒙脱石的孔状由裂隙状转变为球状或墨水瓶状，这些酸活化产生的微细孔洞是有效的催化载体。类似地，热处理引起的黏土矿物结构形变也会造成比表面积和微细孔体积的明显改变。和改性前相比，500℃下处理了2h的钙基膨润土比表面积增加了两倍，孔隙体积从0.107cm^3/g增至0.149cm^3/g。随着温度的升高，晶型和渗透近似线性下降。杨青霞等人研究发现，650℃是蒙脱石热处理的关键转折点，低于该温度时，随着温度升高热处理蒙脱石对间二硝基苯的吸附量增加，而高于该温度后吸附量不增反降。在机械研磨的作用下，蒙脱石将经历大颗粒分离、片层剥离甚至片层结构破坏等几个过程，研磨后的蒙脱石使得阳离子更容易被吸入层间，且有利于合成性能优越的聚合物/黏土纳米复合材料。从改性剂属性来分，化学插层改性包括无机柱撑、有机插层以及无机/有机联合改性。聚合羟基金属阳离子是常见的无机柱化剂，包括Al、Zr、Fe、Ti等，而其中对Keggin-Al_{13}离子（$[Al^{IV}Al^{VI}_{12}O_4(OH)_{24}(H_2O)_{12}]^{7+}$）的研究最为广泛。当溶液中$OH^-/Al^{3+}$摩尔含量比为2.4时，溶液中Al主要以$Al_{13}$的形态存在，而适当提高老化温度，可得到以Keggin-Al_{30}离子（$[Al^{IV}_2Al^{VI}_{28}O_8(OH)_{56}(H_2O)_{24}]^{18+}$）为主的聚合铝溶液。为了进一步改善柱撑蒙脱石的理化性质，不少研究报道了多种元素复合柱撑的方法，充分利用了不同原子的化学特性，提高了催化活性。有机改性剂包括阳离子型、阴离子型、非离子型、两性离子型等，其中阳离子饱和链烃季铵盐最为典型，其改性蒙脱石被大量报道并应用于多个行业。这类阳离子型表面活性剂通过离子交换进入蒙脱石层间，导致蒙脱石层间距增大，创造疏水层间域，为有机污染物的吸附提供条件。利用蒙脱石表面的—SiOH和—AlOH嫁接有机硅烷是另一有机改性方式，该类改性蒙脱石较阳离子季铵盐改性蒙脱石结构更为稳定，不存在改性剂的溶出问题。无机/有机联合改性蒙脱石通常是以聚合羟基金属阳离子为无机柱撑剂，阳离子表面活性剂或者有机硅烷为有机改性剂，通过调控改性顺序、两类改性剂摩尔比等获得一系列的多功能型复合改性蒙脱石，表现出对多种污染物共存废水良好的处理效果。

1.4 季铵盐改性蒙脱石的表征技术与环境修复应用

1.4.1 季铵盐改性蒙脱石的表征技术

1.4.1.1 X射线衍射

X射线自1895年被德国伦琴（Wilhelm Rontgen）发现以来，在医学诊断、材料、生物、化工等领域得到了广泛应用。1912年，在德国物理学家劳厄（M. Von. Laue）和英国物理学家Bragg父子的研究下，X射线衍射逐渐被用于晶体结构分析，并逐渐发展为一种测定结晶物质相对含量的半定量方法。X射线与可见光一样，具有波粒二象性，其波长范围大约为0.001~100nm之间，通常由

X 射线机产生用于实验研究。X 射线管是 X 射线机的核心部件，封闭式热阴极 X 射线管最为典型，由热阴极和阳极靶组成。在高真空管内，由螺线型钨丝绕成的热阴极通电后发出热电子，在负高压情况下快速撞击阳极靶（常见的靶材有 Cu、Co 等）产生 X 射线。高速电子的轰击在产生 X 射线的同时，大部分能量转化成热能，导致阳极温度急剧升高，需要对阳极降温以防止 X 射线管的损坏，通常使用循环冷却水进行冷却。X 射线的强度与管电压和管电流有关，高电压和高电流可提高 X 射线源的强度，但也将导致阳极产热较大难以及时散出，因此目前常用的管电压和管电流分别设定在 35~50kV 和 10~35mA 的范围内。

X 射线管中发出的 X 射线可分为连续 X 射线谱和特征（标识）X 射线谱，前者包含各种波长的 X 射线，后者由若干特定波长谱线组成。标识 X 射线谱与阳极靶材料密切相关，只有当管电压超过阳极靶材料的激发电压（V_k）时才能得到，并且不同元素组成的靶材料所产生的谱线波长也不同。这是因为当足够高的管电压将靶材料中的 K 层电子（能量最低）撞出后，L、M、N、…层的电子就会跃入 K 层空位，将多余的能量以 X 射线光子的形式放出，而该多余的能量与两壳层电子能量差相对应，具有特异性。当 L、M、N、…壳层电子跃迁至 K 层空穴时发出的 X 射线分别称为 K_α、K_β、K_γ、…谱线，统称为 K 系特征 X 射线，具有波长短、跃迁几率大、强度高等优点，在衍射分析中大量被使用。实际上，L 壳层包括三个子壳层或能级（L_1、L_2、L_3），在日常研究中常用到的 K_α线便是 L_2和 L_3 能级电子跃迁至 K 层空穴时产生，分别对应 $K_{\alpha2}$和 $K_{\alpha1}$谱线。由于这两谱线波长仅相差 0.004×10^{-10}m，难以区别，常用 K_α来统称并以 $K_{\alpha2}$和 $K_{\alpha1}$谱线的波长加权平均值作为 K_α线的波长（见式 1-1），其中 $\lambda_{K_{\alpha1}}$ 权重系数为 $\lambda_{K_{\alpha2}}$的两倍，取决于两谱线的相对强度：

$$\lambda_{K_\alpha} = \frac{2}{3}\lambda_{K_{\alpha1}} + \frac{1}{3}\lambda_{K_{\alpha2}} \tag{1-1}$$

虽然特征 X 射线的强度远高于同时产生的连续 X 射线强度，如 K_α线强度约紧邻的连续谱线强度的 90 倍，但是增加管电压和管电流提高特征 X 射线强度的同时也将导致连续 X 射线强度的增加，不利于仅需单色 X 射线的研究工作。因此，常采用的工作电压取值为 3~5V_k，如铜靶（Cu K_α）的 V_k= 8.86kV，适宜的工作电压为 35~40kV。另外，采用滤波片也能有效去除或削弱连续光谱或者紧邻的 K_β谱线以获得高强度的单色 K_α线，当选用原子序数比靶材原子序数小 1 或 2 的材料为滤波片时，其 K 吸收限波长 λ_K（质量吸收系数与波长曲线突变点处的波长）正好处于 K_α和 K_β线的波长之间，放入 X 射线光束中时可吸收大部分的连续光谱或者紧邻的 K_β谱线，而 K_α线的强度仍保留较好。一般情况下，使用的滤波片厚度要确保 K_α和 K_β线的强度比为 600：1 左右。

当单色 K_α线照射到样品表面时，部分光子与样品中的原子发生弹性碰撞而改变方向（可认为能量未受损失），产生散射线。如图1-3所示，将晶体认为是多个（*hkl*）晶面堆叠而成，由于X射线具有较强的穿透能力，入射的X射线能透过晶体表面与其他晶面原子（如原子O'）作用产生散射。满足入射的X射线与其散射线处于同一平面的法线两侧、与法线夹角相等，当不同晶面的入射线产生的光程差（如$P'O'$-PO）与散射线产生的光程差（即$Q'O'$-QO）之和为波长的整数倍（n）时，散射波将干涉加强（见式1-2），形成衍射图案，是Bragg公式的理论依据。该模型是基于镜面光学反射定律所推导，因此在描述中也常把（*hkl*）晶面对X射线的衍射（diffraction）称之为对X射线的反射（reflection），在文献中常见后一种表达方式，如001 reflection。需要强调的是，不同于可见光的镜面反射，X射线只有在某些特殊的入射角下才能得到反射，这些入射角需要满足Bragg定律。

$$A'O'B' = 2A'O' = 2OO'\sin\theta = 2d_{hkl}\sin\theta = n\lambda \tag{1-2}$$

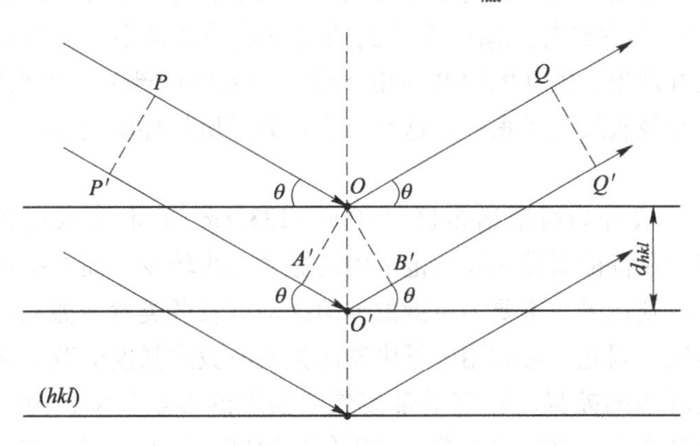

图1-3 相邻晶面的散射

X射线衍射在改性蒙脱石中的应用主要是为了获得改性前后层间距变化等信息，通过收集X射线衍射谱，得到001晶面衍射峰所对应的衍射角，结合Bragg公式，可计算d_{001}值。由于季铵盐等大分子插层后的蒙脱石层间距较大，其001晶面衍射峰所对应的衍射角$2\theta<5°$，常规从5°开始扫描的测试范围难以得到需要的信息，一般要求从2°开始、以较低的扫描速度和步长进行扫描收集衍射谱。本书中的X射线衍射分析均采用的Cu靶K_{α}线对样品进行衍射，工作电压和电流分别为40kV和40mA。

1.4.1.2 红外光谱分析

红外光波长范围为0.78~1000μm，为不可见光，具有显著的热效应，其光子能量在1eV以下，早在1800年就被英国天文学家赫谢尔（F. W. Herschel）在研究太阳光谱时观察到。利用连续的红外光照射物质时，物质中分子基团的某一振动模式的频率恰好与红外光波段某一频率相等，且存在偶极矩变化的情况下，红外光就会被吸收，对透过的不连续红外光进行色散及信号转换等可得到不同波长处的辐射强度，得到红外吸收光谱，而采用这样一种吸收光谱建立起来的分析方法即为红外光谱法。利用红外光谱的吸收频率及强度可判断未知物质的组成与相对含量。

分子的运动可分为移动、振动、转动与分子内电子运动，其中每种运动状态对应的能级相差较大，分子中基团的振动能级范围为 0.05~1.0eV，而中红外光（4000~400cm^{-1}）光子能量正好在此范围，因此红外光谱也称振动光谱。分子中基团的振动类型可分为伸缩振动和弯曲振动，前者可细分为对称伸缩振动（ν_s）和非对称伸缩振动（ν_{as}），取决于两个原子相对于第三个原子的振动方向性；后者包含变形或剪式振动（δ）、摇摆或面内弯曲（ω）、摆动或面外弯曲（τ）以及扭动（p）。从振动的能量分析，非对称伸缩振动的频率高于对称伸缩振动，而伸缩振动的频率又高于弯曲振动。对于含有 n 个原子的分子，其分子振动数为 $3n-6$，但在红外光谱中观察到的吸收谱带数常小于振动数，这是因为存在振动的简并现象。振动的简并是由于分子中基团的部分振动模式是等效的，相同频率的振动吸收发生了重叠，这类重叠在分子所处环境发生改变时可能发生能级分裂。

红外光谱一般分为特征谱带区（4000~1333cm^{-1}）和指纹谱带区（1333~667cm^{-1}），其中在特征谱带区波长范围内的振动吸收较少，而在指纹谱带区波长范围的振动吸收则较多，主要为单键的伸缩振动以及各类弯曲振动，对分子结构的变化较为敏感。因此，可利用分子中基团振动波数或强度的改变来反映化合物的结构或所处环境的差异。影响谱带波数或强度的因素较多，内因包括诱导效应、氢键、振动耦合、物质形态等，外因包括温度、浓度与制样方法等。受限于常规红外光谱仪的分辨率（2cm^{-1}或 1cm^{-1}），分子微弱的结构变化有时难以得到准确反映。减小光谱狭缝宽度能有效提高仪器分辨率，但也降低了检测器上的光能量，导致信噪比不理想。因此，在仪器分辨率范围内，通过谱带波数偏移（红移或蓝移）分析讨论基团所处环境的变化时，务必控制外因条件的一致，消除浓度、制样方法差异带来的影响。例如，使用 KBr 压片法时应准确称取等量样品（0.3~3.0g）与等量干燥后的 KBr（约 200mg）共同研磨均匀后在同一条件下压片。本书中采用的红外光谱仪的分辨率为 4cm^{-1}，在研究亚甲基反对称振动谱带偏移时，所准备的样品均严格控制了浓度与制片条件；在谱带强度时，考虑不同样品压片后难以达到厚度完全一致、绝对均匀，采用了不同谱带的相对强度的方法进行分析。

1.4.1.3　热分析

随着温度变化，物质的性能及状态也会发生相应的变化，通过测量物质某一物理参数建立其与温度变化关系的分析方法称为热分析。测量物质能量变化方法包括差热分析法（Differential Thermal Anaylsis, DTA）和示差扫描量热法（Differential Scanning Calorimetry, DSC），测量物质质量变化的方法包括热重法（Thermo Gravimetry, TG）和微商热重法（Derivative Thermo Gravimetry, DTG）。其中，DTA是指将试样与参比物（如α-Al_2O_3）置于相同程序控温条件下，以获取两者的温度差与温度关系，该方法的原始模型早在1899年就被英国劳贝茨-奥斯坦（Roberts-Austeb）提出，采用了示差热电偶记录试样与参比物温度差。试样在加热过程中发生分解、熔化、晶格重建、结晶水损失等时，试样将伴随吸热或放热过程，导致试样温度低于或高于参比物，可通过DTA获取相关信息。DSC是指在相同程序控温条件下，为维持试样与参比物无温差时需要输入给试样的功率或能量，建立该能量与温度之间的关系。TG于1915年由日本本多光太郎开创，通过加热或冷却试样与参比物，获得试样质量变化与温度之间的关系，将TG曲线对温度进行一次微商之后可得到DTG曲线。目前，随着相关技术的进步，差热分析与热重分析均集成于综合分析仪中，可同时获得DTA、TG曲线等信息。

热分析实验操作较为简单，但需要注意参比物的选择、试样的准备以及升温速率等，如为了确保试样的导热性能和装填密度与参比物相近，应在试样中添加适量的参比物稀释试样；试样粒度与参比物相近，过粗的粒度会导致受热不均，热解峰温度偏高，以试样研磨过50~149μm（300~100目）筛为宜；导热性差的样品应以慢加热为宜，常用的升温速率为1~10℃/min。本书中涉及的热分析均为热重分析，测试的温度范围不超过1000℃，升温速率为10℃/min，在测试对比试样过程中严格保证了气氛、粒径等的一致性。然而，热重曲线还受到诸多外因和内因的影响，如振动会影响热重曲线的形态，热重分析仪应安装在安静房间里的防震台上；不同温度下加热炉中气体会发生膨胀，导致密度降低、浮力下降，对体积较大的试样影响更为显著，在准确度可靠的前提下应尽量减少试样使用量。

1.4.1.4 电子显微表征

电子显微分析是一种通过利用聚焦电子束与试样相互作用产生各种信号以获取试样的微区形貌、晶体结构与化成组成的表征技术，包括扫描电子显微分析和透射电子显微分析等。电子光学与几何光学类似，后者利用透镜使光线成像，而前者主要是通过电场或磁场使得电子束聚焦成像，因显微镜的分辨率与照明源的波长成反比，利用波长短的电子束极大地提高了分辨率。电子运动速度越快，其波长就越短，为了获得高分辨率则需要对电子进行加速。初速度为零的电子在电压V的加速下满足$eU=mv^2/2$，则电子波长与加速电压满足式（1-3）。随着电子速度的增加，电子质量也将超过其静止质量（m_0），采用相对论修正后得式（1-4），透射和扫描显微镜常用的加速电压U分别为50~200kV和5~35kV。

$$\lambda = \frac{h}{m_0 v} = \frac{h}{\sqrt{2em_0 U}} \tag{1-3}$$

$$\lambda=\frac{h}{\sqrt{2em_0U(1+eU/2m_0c^2)}}=\frac{12.25}{\sqrt{U(1+0.9785\times10^{-3}U)}} \tag{1-4}$$

式中 e——电子电荷，1.60×10^{-19}C；

m_0——电子质量，9.11×10^{-31}kg；

h——普朗克常数，6.63×10^{-34}J/s；

v——电子运动速度，m/s；

U——加速电压，V。

当聚焦的高速电子沿一定方向入射到试样时，受试样中原子库仑电场作用，入射电子方向发生改变，若电子散射后基本无能量变化，称为弹性散射；若能量降低则称为非弹性散射。弹性散射是透射电镜成像的基础，入射电子穿透较薄的试样从另一面射出，这部分透射电子主要为弹性散射电子，成像清晰，而较厚的样品的透射电子中则存在部分非弹性散射电子，因色差而影响清晰度。因此，对粉末样品而言，在透射电镜观察前需进行超声波预分散，将聚集的厚试样颗粒分离，再将少量分散的悬浮液滴至铜网上。本书所采用的透射电镜分析主要是为了获得改性蒙脱石层间距的直观数据，但由于蒙脱石径厚比较大，001 晶面恰好平行于入射电子的颗粒难以获取，导致所观测到的层间距小于 XRD 谱计算得到的结果。

不同于透射显微电镜，扫描显微电镜是通过聚焦电子束在试样表面逐点扫描成像，成像信号包括二次电子、背散射电子和吸收电子。入射电子与试样原子的核外电子碰撞，导致核外电子脱离原子核成为二次电子，这部分二次电子能量足够时能继续产生二次电子，最终逸出试样表面的二次电子成为信号，得到高分辨率的二次电子成像，是扫描显微电镜的主要成像手段。二次电子能量较低（低于 50eV），在表面 10nm 内产生；而背散射电子是由试样反射出来的初次电子，主要由弹性散射电子组成、能量较高，接近或等于入射电子，因此也导致了发射的背散射电子的广度较大，分辨率不如二次电子。背散射电子数目与试样中原子序数有关，原子序数越大，产生的背散射电子越多，可用于观察不同序数元素的相对分布。入射电子经过多次非弹性散射后能量耗尽而被试样吸收产生吸收电流，通过测定吸收电流信号成像也可以得到原子序数不同的元素的定性分布信息。本书中涉及的扫描显微成像均采用二次电子成像，首先将干燥的粉末改性蒙脱石试样撒于粘有导电胶的载样台上，考虑到改性蒙脱石表面多为季铵盐的烷基链，导电性不足，试样在入射电子束的照射下易产生电荷积累，影响成像质量，在置入真空腔观察前做喷金处理。

1.4.1.5 X 射线光电子能谱

光电子能谱分析是近几十年来才逐渐发展起来的一种表面分析方法，其研究的是光与试样相互作用后被激发的二次粒子的能量而非光学波动特性，不同于光谱分析。X 射线光电子能谱（X-ray photoelectron spectroscopy，XPS）又称为电子能谱化学分析（electron spectroscopy for chemical analysis，ESCA），是一种利用 X 射线轰出试样中原子的内层电子，对二次电子的能量进行测量，间接计算试样中原子内层电子的结合能（binding energy，E_B）的测试技术。不同元素的原子不同轨道上电子的结合能具有特异性，且相差较大，因此可利用 XPS 开展试样元素组成的定性分析。能量为 h_ν 的 X 射线光电子轰击试样原子，原子中某些壳层的电子挣脱原子核束缚逃逸成具有一定动能的自由电子，则入射 X 射线光电子的能量将被转化为以下三部分（见式（1-5））。其中，原子的反冲能 E_r 与 X 射线源有关，且随受激原子的原子序数增大而减小，Al Kα 和 Mg Kα 作为激发源所引起的 E_r 较小（能量和线宽也均较为理想）而被广泛应用，此时 E_r 可以忽略不计。因此，利用光电子能量分析器和检测器得到 E_k 后可计算 E_B。

$$h_\nu = E_B + E_k + E_r = E_B + E_k + \frac{1}{2}(M - m)v^2 \tag{1-5}$$

式中 h_ν——辐射能量，J；

E_B——某壳层电子的结合能，J；

E_k——发射电子的动能，J；

E_r——原子的反冲能，J；

M——原子的质量，kg；

m——电子的质量，kg；

v——激发态原子的反冲速度，m/s。

XPS 通过 E_B 大小可确定试样元素组成，通过峰面积可测得不同元素的相对含量或同一种元素不同价态成分的含量，是重要的化学分析手段。对于导电性差的样品，当 X 射线射向试样时，试样表面不停地产生二次光电子，试样表面电子空穴增加，试样因此带正电，导致射出的电子动能 E_k 降低，影响测量结果，在测定过程中应采用有效方法及时消除此荷电效应，如采用铝质材料为 X 射线入射窗口材质，在样品室附近安装中和电子枪，在样品表面喷涂金属等，但仍需对消除荷电效应得到的 XPS 光谱进行标准结合能修正（如真空中 C 1s 的 E_B）。元素某壳层电子 E_B 的移动受原子核内电荷及核外电荷分布的影响，当某原子与电负性大的原子键合时，该原子的负电荷或价电子密度降低，对内壳电子的屏蔽效应下降，导致内壳电子与原子核的结合能增大。类似分析可以得到，随着原子的氧化态增加，原子内层壳电子的 E_B 也增加。

1.4.1.6 其他分析

蒙脱石及改性蒙脱石的表征技术众多，但考虑本书中主要使用以上几种，其余表征分析不作概述。

1.4.2 季铵盐改性蒙脱石的环境修复应用

饱和链烃季铵盐化学性质稳定、溶解度较高，可通过简单的水热搅拌对蒙脱石进行改性，改性条件要求低、易操作。然而，水热改性会导致部分季铵盐残留于水溶液中，导致二次污染，有些学者因此研发了干燥研磨改性的方法，也实现了季铵盐在蒙脱石表面的成功负载。在水溶液中，季铵盐对蒙脱石进行改性时，其分布构型与添加量密切相关，当季铵盐添加量小于蒙脱石 1 倍 CEC 的摩尔当量时，季铵盐通过静电作用锚定在蒙脱石表面，疏水性烷基链尾部平铺在蒙脱石表面或者朝向水溶液，产生疏水界面；继续增加添加量至超过蒙脱石 1 倍 CEC 时，部分电荷中和型季铵盐（$R_4N^+\cdots Cl^-/Br^-$）通过疏水作用吸附于蒙脱石表面，而这部分季铵盐的正电头部将扮演阴离子污染物的吸附位点，污染物通过与电荷平衡离子 Cl^-/Br^-进行离子交换而被去除（见图 1-4）。传统的长链季铵盐改性蒙脱石的离子交换位点以弱疏水作用存在，在吸附污染物时易溶出导致二次污染，然而却鲜有研究提及这一弊端。近 20 年来，双子季铵盐被广泛用于各种黏土改性，因其独特的分子结构，从理论上有望解决改性剂的溶出问题。聚季铵盐电荷密度高，各季铵盐正电官能团（$-R_4N^+$）之间通过化学键连接，当部分正电头部锚定在蒙脱石表面时，剩余部分可静电吸附阴离子型污染物。然而，聚季铵盐可能存在较大的空间位阻，导致单位质量蒙脱石表面可负载的聚季铵盐量相对较低，从而影响对污染物的吸附效果。

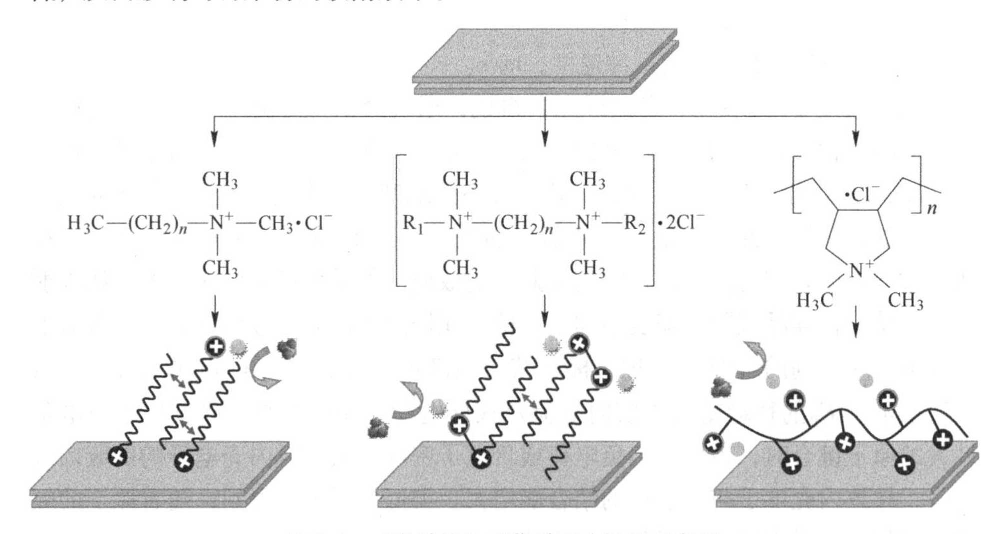

图 1-4 三类季铵盐对蒙脱石改性的示意图

季铵盐改性蒙脱石的环境修复应用主要体现于废水污染物吸附，尤其是针对有机污染物具有良好的吸附效果，蒙脱石层间的疏水微域可提高有机污染物在吸附剂和水溶液两相中的分配系数。目前，季铵盐改性蒙脱石对有机污染物的吸附研究多侧重于季铵盐分子结构设计，对新兴污染物吸附性能探究，对共存体系多种污染物的同步去除效果，结合吸附数据与分子动力学模拟阐述构效关系等方面。经过季铵盐改性后的蒙脱石被赋予表面正电性和强疏水性，适用于多种环境体系中阴离子和有机污染物的分离。早期季铵盐改性蒙脱石常被用于固持土壤中的除草剂与杀虫剂，最近被拓展用于钝化土壤中重金属，旨于减少此类污染物在土壤中的迁移性，降低周边土壤水体的环境风险。近些年，此类改性黏土材料已被广泛开发并应用于含一元或多元污染物水体的治理，包括染料、持久性有机污染物、放射性核素、重金属、高氯酸根等污染物和矿冶废水、富营养化水体等水环境体系，并取得一定的治理效果。由于季铵盐改性蒙脱石具有良好的环境适用性、优越的污染物治理成效性和原材料廉价易得等特点，使其在修复环境污染领域受到研究者的广泛关注。

2 预分散对改性蒙脱石的结构及其对高氯酸根的吸附影响特征与机制

2.1 高氯酸根

2.1.1 污染特征与环境毒理性

高氯酸根（ClO_4^-）是一种新型的无机阴离子污染物，在环境介质中往往以微量甚至痕量级浓度存在。环境中高氯酸根的来源包括自然形成和人为排放两方面。在某些特定的大气条件下（如闪电、紫外照射、高浓度臭氧等），氯气溶胶转化为高氯酸根，通过沉降过程进入地表环境。智利北部的阿塔卡马（Atacama）沙漠硝石是一种含0.05%~0.2%（质量分数）高氯酸根的氮肥，其高氯酸根可能也是源于大气反应的自然过程，该硝石在全球多个国家被大面积使用，加剧了高氯酸根在全球范围尺度的广泛分布。目前，人为生产的高氯酸盐被大量用于火箭推进剂、烟花爆竹、橡胶制品、漂白活化剂、稀土加工等领域，由于很多国家并不具备健全的高氯酸根排放标准，大量含有高氯酸根的废水被排入环境体系，对人类的生命健康及赖以生存的地球生态环境造成威胁。

高氯酸根中的氯元素为+7价，属强氧化态，与4个氧原子杂化后形成稳定的正四面体结构。然而，在弱酸性或碱性条件下（pH值大于1.0），高氯酸根是一种惰性氧化剂，常规还原剂很难将高氯酸根快速还原成低价氯离子。在强酸性体系下，ClO_4^-/Cl^-的标准还原电势较高，约为1.29eV。高氯酸根被还原成Cl^-需先被还原成ClO_3^-（$\Delta E<0$），过渡态较高的活化能使得ClO_4^-还原为ClO_3^-的速率受到限制，成为整个转化（+7价→-1价）的限速步骤。高氯酸根具有较大的的离子半径（0.225nm），水化能较低（-214kJ/mol），所对应的盐在水溶液中溶解度较大。和其他二价或三价阴离子相比，高氯酸根作为一种惰性的、易溶的一价目（粒径）大阴离子，与自然界中带正电物质的静电作用更为微弱，其转移行为受到这类物质的影响并不显著，而高氯酸根的非络合物化特性进一步加剧了其在水体中的迁移，各个国家已在饮用水、食用蔬菜和牛奶等物质中均检测出不同浓度的高氯酸根。

钠/碘转运蛋白（Na^+/I^--symsporter）对高氯酸根的亲和力是对碘离子的30倍，甲状腺激素选择性地将高氯酸根转运至甲状腺细胞中，从而抑制甲状腺对碘的吸收，导致甲状腺激素的合成受到抑制，功能减退，紊乱人体正常机能，比如生长发育、新陈代谢和生殖生育等。1992年美国环保署指出，持续两个月每天给甲状腺亢进病人按每千克体重6mg的剂量使用高氯酸盐，会使病人患上致死性骨髓疾病。虽然当时高氯酸根的生物毒害性已经开始被觉察，但是，直到6年之后高氯酸根才被列入饮用水污染物名单。1997年，高灵敏度离子色谱技术发展到可检出浓度小于4μg/L高氯酸根的水平，而在此之前，人们可以随意地将高浓度的高氯酸根废水排入天然水体中。2005年美国环保署将每天摄入高氯酸根的参考剂量设定为0.7μg/kg，假设按体重为70kg的成年人每天喝2L水，且其摄入的高氯酸根全都来源于饮用水，则对应饮用水中高氯酸根含量不应超过24.5μg/L。然而，人体摄入高氯酸根除了来源于饮用水之外，还将通过食物和牛奶等方式摄入。因此，在制定相关控制水平时应综合考虑高氯酸根的全部来源。鉴于此，2009年美国环保署设定高氯酸根临时的卫生健康参考浓度为15μg/L，并推荐此参考浓度为高氯酸根污染水体的修复标准。目前，美国联邦政府尚未制定饮用水中高氯酸根的管理标准，不同州执行不同阈值，范围大致在1~18μg/L，这些数据的差异可能是因为高氯酸根浓度与抑制甲状腺吸收碘之间仍没有确切的定量关系。虽然人们通过测定三碘甲状腺氨酸、甲状腺氨酸、甲状腺球蛋白等激素的血清水平以评估高氯酸根对健康成年人甲状腺功能的影响，但这些激素有的增加，有的降低，导致高氯酸根的毒理机制仍不明确。

此外，人们对大量动物进行了高氯酸根的毒理影响研究。结果表明，口服高氯酸根可诱导啮齿类动物甲状腺畸形生长，随着接触高氯酸根时间的增加，部分病变进一步恶化，甚至可能诱发恶性甲状腺肿瘤。将 *Eisenia fetida*（一种蚯蚓）暴露在受高氯酸根污染的沙子中，只有在极端情况，如浓度超过2.0mg/g时，才有较大可能对它们的存活产生剧烈影响。将它们置于高氯酸根浓度高于1.0mg/g人工土壤中，经过4周的长期试验，发现试验蚯蚓无法产生蚓茧。然而，Park等人观测食蚊鱼 *Gambusia holbrooki* 在高氯酸根溶液中的生长研究发现，在高氯酸根浓度为1.0mg/L环境中该食蚊鱼生长得到促进，而在10mg/L的条件下生长受到抑制。该研究表明，在适宜的环境浓度下，高氯酸根并不会诱发急性毒性反应，甚至可能对部分生物的生长发育有轻微的促进作用。对斑马鱼 *Danio rerio* 的试验表明，连续8周暴露在高氯酸根浓度为18mg/L的环境中，成年斑马鱼的甲状腺滤泡的组织结构受到影响，但繁殖能力不受影响。然而，677mg/L的高氯酸铵却可能催发甲状腺外毒性进而影响其繁殖。相关研究人员也评估了高氯酸根对幼牛的潜在影响。持续对小母牛喂食高氯酸根浓度为25μg/L的饮用水，但幼牛体内循环的三碘甲状腺氨酸和甲状腺氨酸并不受影响。美国Goleman等人通过评估高氯酸铵在环境浓度下对有爪蟾 *Xenopus laevis* 的发育和蜕变的影响，在浓度为0.147mg/L环境中时，他们观察到了后肢蜕变受抑制的现象，表明高氯酸铵可能会给自然环境中的两栖动物群体的发育和生长造成威胁。

2.1.2 高氯酸根污染水体修复技术

目前高氯酸根对动植物的潜在毒性尚在摸索之中，而全世界的高氯酸根使用量逐年增加，越来越多的水媒介遭到高氯酸根污染，相关人员从生物降解、化学还原和物理富集等方面研发了大量高氯酸根处理技术。

生物降解是指利用微生物分泌的各种酶（如高氯酸根还原酶与亚氯酸根歧化酶等）将高氯酸根逐步还原成氯离子的过程。高氯酸根还原菌分为三种主要类型，包括高氯酸根还原菌（Perchlorate-Reducing Bacteria，PRB）、氯酸根还原菌（Chlorate-Reducing Bacteria，CRB）和氯酸根累积型高氯酸根还原菌（High Chlorate-Accumulating Perchlorate-Reducing Bacteria，HCAPB）。主要的 PRB 如 *Dechloromonas* 和 *Dechlorosoma*，可还原高氯酸根和氯酸根，而 CRB 如 *Ideonella dechloratans* 只能还原氯酸根，无法还原高氯酸根。HCAPB 如 *Dechloromonas sp. PC*1，伴随氯酸根积累的情况下仍可还原高氯酸根和氯酸根。尽管大量的有机和无机质均可为高氯酸根还原过程提供电子，但醋酸根是最常用的电子供体。此外，绝大多数高氯酸根还原菌更倾向于利用氧和硝酸根作为电子受体，而非高氯酸根，导致高氯酸根的还原只有在无氧条件下才能发生。NO_3^-/N_2电对的还原电势（E_0=1.25V）和 ClO_4^-/ Cl^-电对还原电势（E_0=1.29V）相近。在大多数情况下，硝酸根首先被还原，造成高氯酸根还原反应的滞后。另外，除电子受体竞争外，温度、酸碱度和盐度都是影响高氯酸根还原速率的重要因素。还原反应一般在 10~40℃温度下发生，但也有例外，如 *Moorella thermoacetica* 和 *Moorella thermoautotrophica* 能够在 40~70℃的环境下生长。pH 值为 6.8~7.2 的中性环境对高氯酸根还原反应最为有利。从海洋中筛选的高氯酸根还原菌在高浓度盐溶液（3%~11%）中仍具有良好的降解速率。目前，尽管研究人员已对高氯酸根的生物降解做了大量研究，但公众担心残留细菌等而难以接受，相关技术仍未被直接应用于含高氯酸根的饮用水处理。

受高氯酸根生物降解酶的启发，很多学者研发了一系列催化剂以促进高氯酸根的还原。早期利用活性炭比表面积大的优势负载 Re/Pd 的双金属催化剂，虽然可在常温常压下将高氯酸根完全转化为氯离子，但还原效率较低。后续开发的 Rd(O)(*hoz*)$_2$Cl 络合物（*hoz* 为 2-（2′-羟苯基）-2-恶唑啉）联合 Pd 纳米颗粒负载于活性炭表面将还原活性提高了 100 倍，但伴随高氯酸根被还原的过程，约 1.0%的 ReO_4^- 和 *hoz* 释放至溶液中，降低了催化材料循环使用性并造成水体的二次污染。在不降低还原活性的前提下，利用 Rh 取代 Pd，Rd(*hoz*)$_2$-Rh/C 中的 Rd(O)(*hoz*)$_2$Cl 络合物的分解最少。在化学还原的技术中，共存的硝酸根仍是影响高氯酸根还原的重要影响因素，因此往往需要添加预处理以消除硝酸根的影响，如前端添加 In-Pd/Al_2O_3 催化过程，与 Rd(*hoz*)$_2$-Rh/C 形成集成化处理技术。考虑实际水体中高氯酸根浓度低，催化剂表面可还原的高氯酸根有限，开发高氯酸根靶向性基质用于负载催化剂将进一步提高还原效率，如 Pd 纳米颗粒负载的 A-530E 树脂。人工合成的催化剂比生物酶对高氯酸根的还原效率更高，但催化还原条件要求苛刻，如低 pH 值、高温等，增加了工程实用难度。另外，催化剂中贵金属的使用也极大地提高了相关技术的使用成本。

物理富集技术包括超滤、纳滤、反渗透、吸附等，由于污染物在富集过程并未发生转化，只是从一种媒介转移到另一种媒介，因此相关技术往往需要搭配二次深度处理来使用。吸附方法操作简单，适用于低浓度体系。目前，对高氯酸根的吸附以季铵盐（$-R_4N^+$）功能化的吸附剂为主，如强碱性的阴离子树脂 IRA900、IRA958、A-530E 等，这一类型的吸附剂对高氯酸根选择性高，抗干扰强。因此，季铵盐型表面活性剂被广泛用于改性活性炭、黏土矿物等基质，通过表面活性剂在这些基质表面形成双层结构以获得可交换的$-R_4N^+$吸附位点，实现高氯酸根的高效吸附。虽然这类改性吸附剂合成方法简单，但在吸附过程中由于自身结构不足往往伴随部分改性剂的溶出，导致二次污染。为解决改性剂溶出问题，有些学者以农业废弃物，如芦苇、棉秆等为基质，采用化学嫁接改性的方法负载$-R_4N^+$吸附位点，得到了良好的吸附与再生效果。然而，与合成树脂类似，这些基质的嫁接等过程较为繁琐，一定程度上限制了其工程应用。

2.1.3 季铵盐改性蒙脱石吸附高氯酸根的研究现状

日本 Chitrakar 等人于 2012 年首次报道了季铵盐改性蒙脱石对高氯酸根的吸附研究，其所合成的十六烷基吡啶改性蒙脱石对高氯酸根具有优越的吸附性能，但作者仅选用了十六烷基氯化吡啶一种季铵盐，且摩尔当量使用量为 4.0 倍蒙脱石 CEC，未见相关选择依据说明。随后，作者所在课题组系统性地从传统季铵盐分子结构、季铵盐使用量、组合改性、研磨等多方面开展了研究，分析了除离子交换外的脱附、再吸附过程，阐述了改性蒙脱石对低水合能高氯酸根的高选择性机制。季铵盐分子结构的影响研究中采用了十四烷基二甲基苄基氯化铵、十六烷基二甲基苄基氯化铵、十六烷基氯化吡啶、十八烷基三甲基氯化铵、十八烷基二甲基苄基氯化铵及双十八烷基二甲基氯化铵 6 种传统季铵盐。研究结果发现，季铵盐链烃越长，单位质量蒙脱石表面可负载的季铵盐越多，但过高的季铵盐含量也导致了更严重的空间位阻，间接地影响吸附性能；更为疏水的苄基头部可提高高氯酸根的选择性。季铵盐使用量的研究中发现，增加季铵盐的初始投加量能促进其负载，但超过 2.0 倍 CEC 后促进作用变缓，造成浪费。在组合改性的研究中，采用了少量的双十八烷基二甲基氯化铵作为先驱体，拓宽蒙脱石层间距并提高界面疏水性，为后续负载十八烷基二甲基苄基氯化铵提供有利条件，结果发现当双十八烷基二甲基氯化铵使用量为 0.05 倍 CEC 时效果良好。在研磨的影响研究中，湿磨对蒙脱石负载季铵盐及后续吸附高氯酸根的影响并不显著，主要是因为蒙脱石易水化膨胀导致研磨剪切失效。

2.2 传统季铵盐改性蒙脱石的合成及其吸附实验

本章采用的钠基蒙脱石（Kunipia-F）由日本东京 Kunimine 有限公司提供，采用铜乙二胺法测得其阳离子交换容量（CEC）为 1.114mmol/g，比表面积 S_{BET} 为 30.6m^2/g，过筛所得粒径分布如图 2-1 所示。采用电感耦合等离子体发射光谱法测定蒙脱石组成，得到蒙脱石的理想表达式为 $(Na_{1.0}Ca_{0.1})(Si_{7.7}Al_{0.3})(Al_{3.1}Fe_{0.27}Mg_{0.63})O_{20}(OH)_4 \cdot nH_2O$。

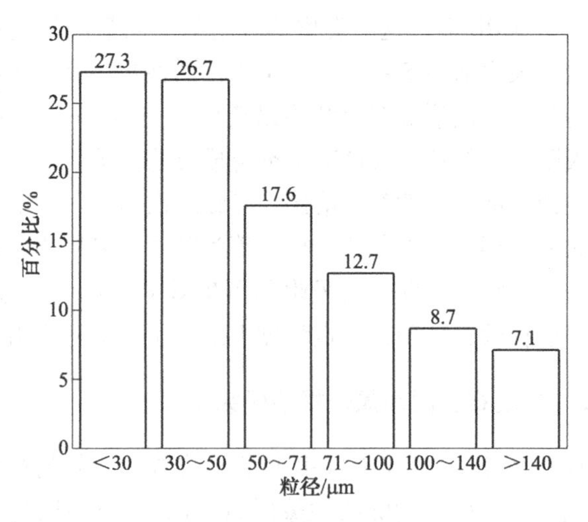

图 2-1 蒙脱石粒径分布

季铵盐改性蒙脱石的合成：取 10g 蒙脱石粉末在磁力搅拌条件下缓慢加入到 500mL 去离子水中，过夜分散以确保蒙脱石颗粒的充分膨胀、水化，与此同时，将摩尔当量 4 倍于蒙脱石 CEC 的十六烷基氯化吡啶（HDPy-Cl）溶解于 500mL 去离子水中。改性剂的使用量一方面主要是参考了相关报道，另一方面，作者的前期研究发现，随着季铵盐投加量的增加，最终负载量与投加量比值在降低，造成改性剂浪费。随后，将蒙脱石分散液快速加入 HDPy-Cl 溶液中，采用机械搅拌混合（期间会生成胶状物，磁力搅拌难以实现快速混匀），并在 t = 1.0min、2.5min、4.0min、5.5min、7.0min、9.0min、11min、15min、20min、25min、30min 和 40min 时刻各取 4mL 悬浮液，经 10000r/min 离心 1min 后固液分离，命名为 dMt/HDPy-t 并保存于 4℃ 冰箱中。离心上清液经 0.45μm 醋酸纤维滤膜过滤后分别采用紫外/可见分光光度计（λ = 258nm，UV-2450，Shimadzu，Japan）和离子色谱仪测定 HDPy 和氯离子浓度。实验中通过测定已知浓度的 HDPy-Cl 经上述滤膜过滤前后的浓度，结果没有明显差异，表明采用该滤膜对 HDPy 和氯离子没有吸附作用，利用其过滤样品产生的影响可以忽略不计。对于未预分散的蒙脱石粉末样品的合成，除未预分散和 HDPy-Cl 溶解于 1000mL 去离子水中外，其他合成和测定方法均一致，所得样品命名为 pMt/HDPy-*t*。

高氯酸根和甲基红吸附实验：将 20mg 的 pMt/HDPy-40 和 dMt/HDPy-40 分别分散于 400mL 浓度为 0.04mmol/L 高氯酸根和 0.037mmol/L 甲基红溶液中，在 28℃、750r/min 的磁力搅拌条件下开展吸附动力学研究。以上浓度的高氯酸根和甲基红溶液的 pH 值分别为（7.3±0.3）和（8.2±0.4）。在 25~30℃范围内，甲基红的 pK_a为 5.05±0.05，说明溶液中甲基红主要以阴离子形式存在。虽然未测定吸附体系最终的 pH 值，但考虑到改性蒙脱石的弱缓冲性，甲基红在各时间点仍将主要以阴离子形式存在而被吸附。在 $\lambda=427$nm 处观察到最大吸收也证明了以上假设。在不同时刻（高氯酸根为 2min，5min，7min，10min，15min，20min，30min 和 135min；甲基红为 2.5min，5min，8min，12min，18min，25min，40min 和 70min），分别取 1mL 和 3mL 高氯酸根和甲基红样品，利用离子色谱仪和分光光度计分别测定溶液中两者的浓度，并基于质量平衡计算吸附量。所有的吸附实验均重复一次，结果取平均值。

2.3 预分散对改性蒙脱石的影响特征

生产聚合物/黏土纳米复合材料和环境修复是有机黏土的两大主要应用领域。其中改性黏土与有机改性剂的种类相关，进而决定了复合材料的物理化学性质。实现层离的有机黏土分散相（增强材料）在聚合物连续相（基体）中均匀分散是制备优越性能复合材料的关键步骤。改性黏土在有机相中的层离程度及与有机相的相容性取决于有机改性剂在黏土中的分布与构型。实际上，就改性黏土对环境有机、无机污染物的吸附应用而言，改性剂的构型同样影响其对污染物的吸附性能，因为无论是相分配还是离子交换的吸附机理均与改性剂构型密切相关。

传统季铵盐是合成有机蒙脱石最为典型的改性剂，其在改性蒙脱石中的分布与构型可通过改变合成条件来实现。超声和水热合成法结果表明，超声能促进季铵盐插入蒙脱石层间，导致层间负载的季铵盐含量更高。美国 Baldassari 等人对比了传统水热法和微波合成的差异，结果发现微波加热合成法可更加充分地交换蒙脱石的电荷平衡阳离子。然而，相比其他合成方法，水热法由于操作简单、成本低廉等仍被最为广泛应用。采用水热合成方法通常需先将蒙脱石粉末在水溶液中充分分散、甚至部分层离，然后加入到季铵盐溶液中进行混合。然而，也有部分学者通过直接向改性剂溶液中投加蒙脱石粉末。以上研究采用的蒙脱石性质不同，吸附的污染物也不一致，因此无法进行对比。所以研究预分散的必要性及其对后续污染物吸附性能的影响特征与机制对相关领域的研究具有重要意义。另外，目前在许多报道的研究中，预分散时间和反应混合时间的选择也较为随意，缺乏确切的说明，如预分散时间 1h 和 2h，反应混合时间 30min，1h，2h，3h，4h，12h 或 24h 等。缩短改性蒙脱石的合成时间有可能在不弱化其性能的情况下降低能耗。虽然类似于季铵盐的阳离子型有机污染物在黏土矿物表面的吸附特征已有报道，但是却鲜有关于蒙脱石预分散必要性及合成时间优化方面的研究。

基于改性蒙脱石在环境修复中的应用潜能，本章将通过实验设计阐明蒙脱石预分散的必要性。HDPy-Cl 是一种应用最为广泛的季铵盐之一，用于蒙脱石改性，并表现出对污染物良好的吸附性能，如碘离子。本书中 HDPy-Cl 的摩尔量使用量超过 1 倍蒙脱石的 CEC，确保改性蒙脱石中存在阴离子交换位点。高氯酸根和甲基红具有不同离子大小和化学性质，因此被选为改性蒙脱石中离子交换位点可交换性的探针。对于大分子甲基红而言，由于改性蒙脱石层间季铵盐分布、构型过于致密，改性后水化膨胀较弱，存在较大的空间位阻，将无法利用分布于蒙脱石层间的离子交换位点。因此，利用高氯酸根和甲基红的吸附性能差异将有助于间接地剖析季铵盐的分布与构型。厘清预分散和混合反应时间对季铵盐在改性蒙脱石中的分布与构型影响将为改性黏土矿物的合成提供重要参考。

2.3.1 组成与结构差异

十六烷基氯化吡啶在改性蒙脱石中存在两种形式，即阳离子型（$HDPy^+$）和分子型（HDPy-Cl），前者通过静电作用直接锚定于蒙脱石表面，后者通过与 $HDPy^+$烷基链间的疏水性作用存在。改性后液相中 HDPy-Cl 浓度可通过分光光度计测定得到，基于改性剂的质量守恒，利用初始投加的改性剂量扣除液相中的残余量即可计算出改性蒙脱石中所含的 HDPy 总量（包含 $HDPy^+$和 HDPy-Cl）。与此同时，利用离子色谱测定改性后液相中氯离子浓度，基于氯元素的质量守恒，初始投加的 HDPy-Cl 总量扣除液相中氯含量即为改性蒙脱石中的 HDPy-Cl 含量。因此，结合分光光度法和离子色谱法分别对改性剂和氯离子浓度的测定结果，改性蒙脱石中 $HDPy^+$和 HDPy-Cl 的含量能够被准确定量，改性蒙脱石中两种形式 HDPy 的含量随混合时间的变化如图 2-2 所示。

作者前期采用了上述相同的方法和思路用于获取改性蒙脱石的组成信息，平行实验结果波动很小。因此，图 2-2 中数据虽然是单次实验结果，但据此可推测具有良好的可重复性。另外，本次实验被用于改性的蒙脱石量较大（10g），一定程度上削弱了初始样品的不均匀性引起的误差。相比于粉体蒙脱石，预分散后的蒙脱石充分水化膨胀，显著降低了改性剂插层的空间位阻，实现了快速的改性平衡，尤其是阳离子型 $HDPy^+$，在 2.5min 内便已经达到饱和负载。尽管对于粉体蒙脱石而言，10min 左右后才达到 $HDPy^+$的吸附平衡，但是最终的负载量与预分散蒙脱石相近，说明两种体系下均可实现 $HDPy^+$在蒙脱石表面的饱和吸附。有趣的是，即使是通过弱疏水作用的 HDPy-Cl 在预分散蒙脱石上的负载也更为迅速，

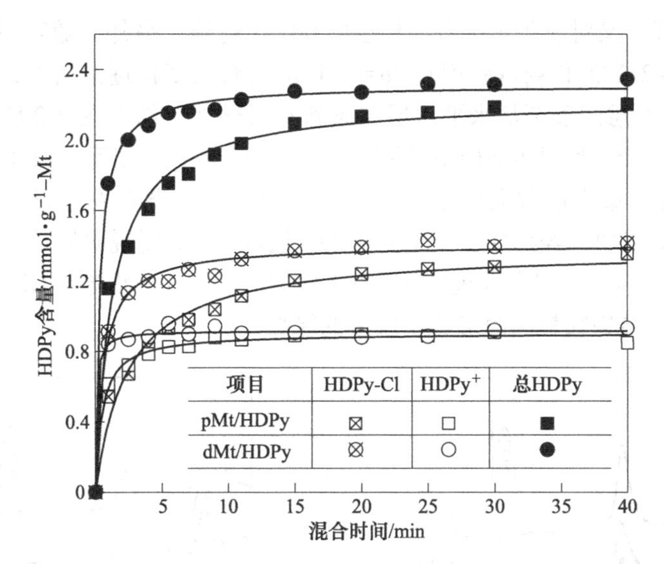

图 2-2 改性蒙脱石中两种形式 HDPy 的含量随混合时间的变化
□：粉体蒙脱石体系；○：预分散蒙脱石体系

这主要归因于两种体系下 HDPy-Cl 不同的负载机制。在预分散的蒙脱石体系中，$HDPy^+$锚定在部分层离的蒙脱石表面，这些片层会重新堆叠并在该过程中截捕 HDPy-Cl，表现出较快的负载速率；相反，在粉体蒙脱石体系中，HDPy-Cl 需要通过向蒙脱石层间缓慢渗透实现负载，表现出相对滞后的负载速率。综合考虑 HDPy 两种形式的负载情况，预分散蒙脱石体系在 15min 内达到平衡，而粉体蒙脱石体系达到相近的负载情况需要至少 30min，说明蒙脱石的预分散有利于缩短改性时间。有研究表明，粉体蒙脱石对类 HDPy 的阳离子有机物亚甲基蓝吸附平衡时间低于 1h，且该速率与初始浓度有关。另外，预分散蒙脱石对 HDPy 的负载量为 2.30mmol/g，相当于蒙脱石 CEC 的二倍，高于亚甲基蓝在质量分数为 0.5% 的预分散蒙脱石上的负载量（约 1.5 倍 CEC），但又低于十六烷基三甲基溴化铵在粉体钙基蒙脱石上的吸附量（约 2.5 倍 CEC）。吸附质和蒙脱石的类型、形态均能影响蒙脱石对阳离子有机物的负载特征。

HDPy 改性粉体蒙脱石及预分散蒙脱石的 XRD 谱图如图 2-3 所示。相比于原蒙脱石，HDPy 改性后 001 衍射峰（2θ）从 7.6°（d_{001} = 1.17nm）向更低角度偏移。HDPy 与十四烷基吡啶（2.53nm×0.61nm×0.51nm）具有相同的高度与厚度，但较之要更长约 0.254nm，即两个亚甲基的长度。因此，考虑到 HDPy 的三维尺寸，001 衍射峰（2θ）为 2.1°（d_{001} = 4.20nm），即层间距为 3.24nm（d_{001} = 0.96nm），对应着倾斜双层构型。对于 pMt/HDPy 而言，当粉体蒙脱石与 HDPy 混合改性时间少于 7min 时，所得 XRD 谱图两衍射峰中衍射角 2θ 为 2.1°时对应的峰强弱于 4.1°时对应的峰强，这是因为 4.1°的衍射峰既包含了倾斜双层构型的002衍射峰，又对应了水平双层构型的001衍射峰。另外，随着混合反应时间的延长，$2\theta=2.1°$的衍射峰强度较$2\theta=4.1°$衍射峰强度在逐渐增加，说明改性剂HDPy在蒙脱石层间逐渐从水平双层向倾斜双层转变。结合图2-2所示的结果可知，这是由$HDPy^+$和HDPy-Cl逐渐插入层间所引起的。相反，对于dMt/HDPy，001和002衍射峰的相对强度随着改性时间的增加并没有发生显著变化，表明HDPy在1min以内已经形成了稳定的倾斜双层构型。需要说明的是，在几个dMt/HDPy样品的XRD谱图中发现纯HDPy-Cl的衍射峰，这可能是HDPy-Cl在蒙脱石“纸牌屋”结构颗粒间隙形成了胶束的缘故。

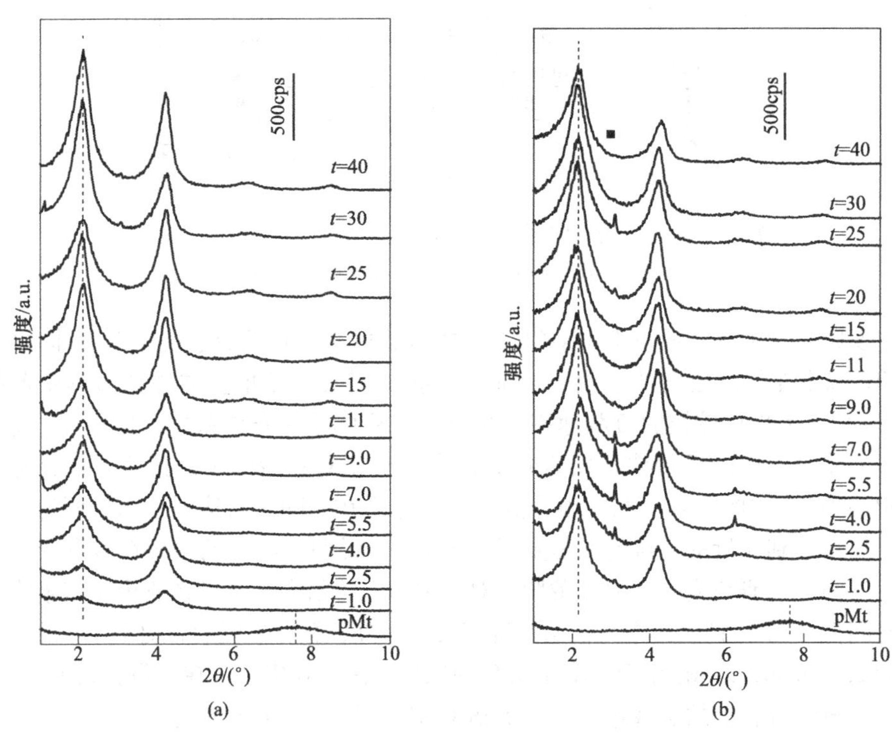

图2-3 改性蒙脱石的XRD谱图

（图中虚线表示001衍射峰，■为HDPy-Cl晶体衍射峰）

（a）粉体蒙脱石；（b）预分散蒙脱石

两种不同方式所得改性蒙脱石的表面电性如图2-4的zeta电位所示。在去离子水媒介中，原始蒙脱石的zeta电位为-32mV，与已报道的结果相近。然而，改性蒙脱石因为在表面形成了HDPy双层结构，表现出荷正电的表面电性。对于pMt/HDPy，混合改性的前7min内，改性蒙脱石的zeta电位迅速升高然后在43mV左右波动，此电位值与该条件下改性蒙脱石的HDPy含量相吻合。相比之下，dMt/HDPy在混合改性的前1min内就已经呈现43mV的zeta电位，然后保持在 41mV 左右，该结果与阿根廷 Bianchi 等人报道的十八烷基三甲基铵改性蒙脱石（ODTMA2-Mt）所得结果相近。

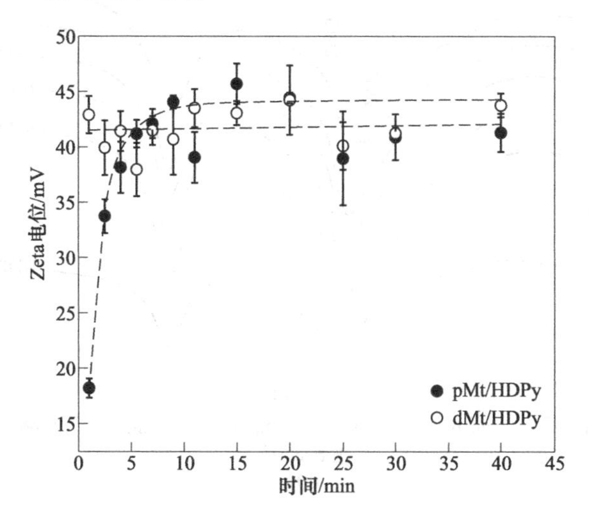

图 2-4 两种方式所得改性蒙脱石的 Zeta 电位随混合改性时间的变化

改性剂疏水烷基链中的亚甲基反对称伸缩振动波数（$\nu_{as}(-CH_2)$）被广泛应用于反映改性剂在复合材料中的构型。如图 2-5 所示，所有的改性蒙脱石，除 pMt/HDPy-1.0 外，$\nu_{as}(-CH_2)$ 的波数均为 2915cm^{-1}。该振动所呈现的波数越短，对应更低含量的改性剂以 *gauche* 构型的存在，这与改性剂烷基链的堆积密度有关，如 HDPy-Cl 晶体中烷基链分布紧致，观察到的亚甲基反对称伸缩振动波数仅为 2912cm^{-1}。蒙脱石的预分散促进了 HDPy 改性剂在短时间内形成 *trans* 构型。

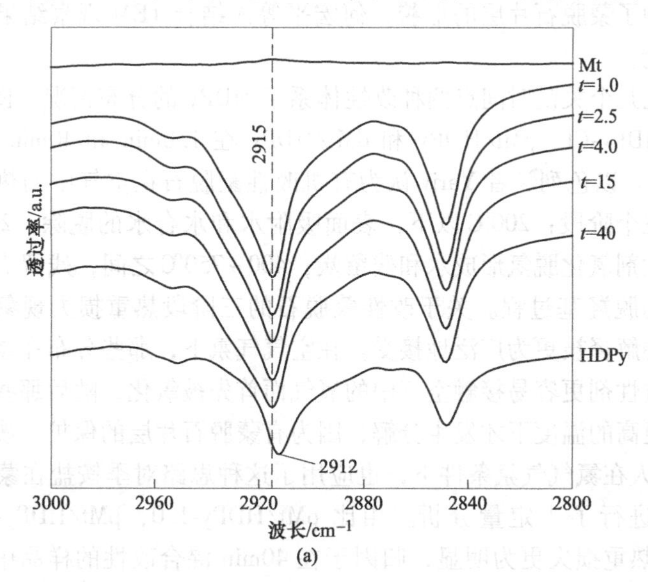

(a)

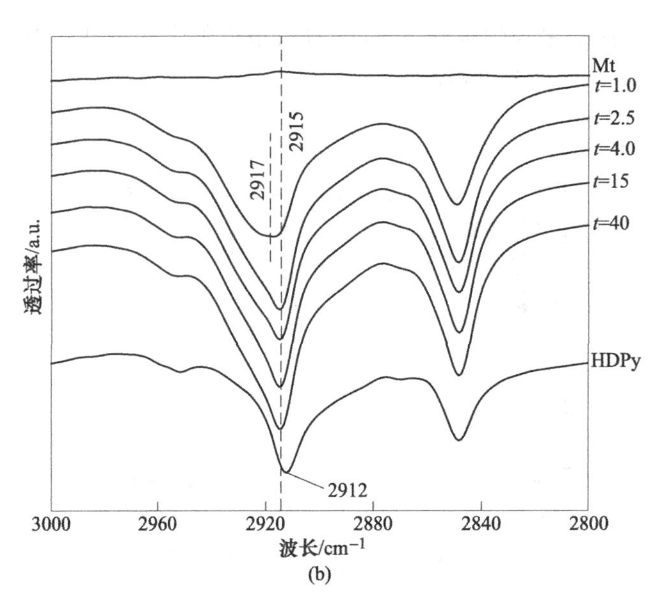

图 2-5 原始蒙脱石、HDPy-Cl 及两种改性蒙脱石的 FTIR 光谱

(a) dMt/HDPy-*t*；(b) pMt/HDPy-*t*

从图 2-2 可知，蒙脱石对 HDPy 改性剂的吸附在选取的时间范围内已经达到饱和，XRD 谱图结果也表明在混合改性时间为 40min 时改性剂的构型基本稳定。图 2-6 所示为 40min 时刻两种体系改性所得蒙脱石的 SEM 图，在两个样品中均观察到无序、卷曲的片状颗粒，这与原始蒙脱石较为平整的板状形貌有所不同。这一方面可能是因为在离心过程中很多小粒径样品被分离，另一方面可能是因为表面活性剂影响了蒙脱石片层的形貌，何宏平等人结合 TEM 观察结果对此做了相关的详细讨论。

为了对比几个关键时间点两种改性体系下 HDPy 的分布情况，图 2-7 呈现了原蒙脱石、HDPy-Cl、pMt/HDPy 和 dMt/HDPy 在 1.0min 和 40min 时刻样品的 TG/DTG 曲线。以色列学者 Yariv 认为有机改性蒙脱石在空气中的热重损失主要归因于以下三个阶段：200℃以下，表面吸附水和水合水的脱除；200～500℃之间，有机改性剂氧化脱氢形成水和残留炭；400～750℃之间，残留炭的氧化以及蒙脱石片层的脱羟基过程。关于改性蒙脱石的三阶段热重损失现象的阐述，目前，另外一种解释被更为广泛地接受。在空气气氛下，那些分布在蒙脱石外表面或者边缘的改性剂更容易接触空气中的氧气而首先被氧化，随后那些分布于层间的改性剂在更高的温度下才发生分解，因为有蒙脱石片层的保护。澳大利亚黏土学家 Frost 等人在氮气气氛条件下，也应用了这种思路对季铵盐在蒙脱石表面和层间的分布进行了半定量分析。相比 pMt/HDPy-1.0，pMt/HDPy-40 在 170～300℃之间的热重损失更为明显，归因于在 40min 混合改性的样品中 HDPy 更多

图 2-6 40min 时刻两种体系改性所得蒙脱石的扫描电镜图
（a）原始蒙脱石；（b）pMt/HDPy-40；（c）dMt/HDPy-40

分布于蒙脱石外表面。然而，在 400～800℃之间两个样品表现出相近的热重损失，这并不能说明 HDPy 在这两个样品的蒙脱石层间构型是一致的。如图 2-7 所示，pMt/HDPy-40 比 pMt/HDPy-1.0 具有更高的 HDPy 含量，所以单位质量改性蒙脱石中后者所含蒙脱石的量更高，在 400～800℃之间源于蒙脱石脱羟基作用的热重损失也相应更高。而实际上，400～800℃之间的热重损失除归因于蒙脱石的脱羟基作用，还应包括此温度范围前未完全氧化的层间炭的进一步氧化。因此，pMt/HDPy-40 和 pMt/HDPy-1.0 两个样品在 400～800℃之间表现出相近的热重损失，HDPy 随着混合改性时间的增加逐渐插入蒙脱石层间。这也导致了蒙脱石层的扩张和 HDPy 在层间构型重置，与 XRD 谱图所论证的结果一致。类似的分析方法可同样用于对比 pMt/HDPy-40 和 dMt/HDPy-1.0，两种改性蒙脱石在 170～300℃之间的热重损失量相近，表明 HDPy 在蒙脱石的外表面分布量没有明显区别；而在 400～800℃之间却观察到显著差异，表明 HDPy 在蒙脱石层间分布量的不同。这与图 2-2 所示的结果相吻合，pMt/HDPy-40 和 dMt/HDPy-1.0 之间的 HDPy-Cl 含量差异明显，而 $HDPy^{+}$含量却基本一致。使用 pMt/HDPy-40 和

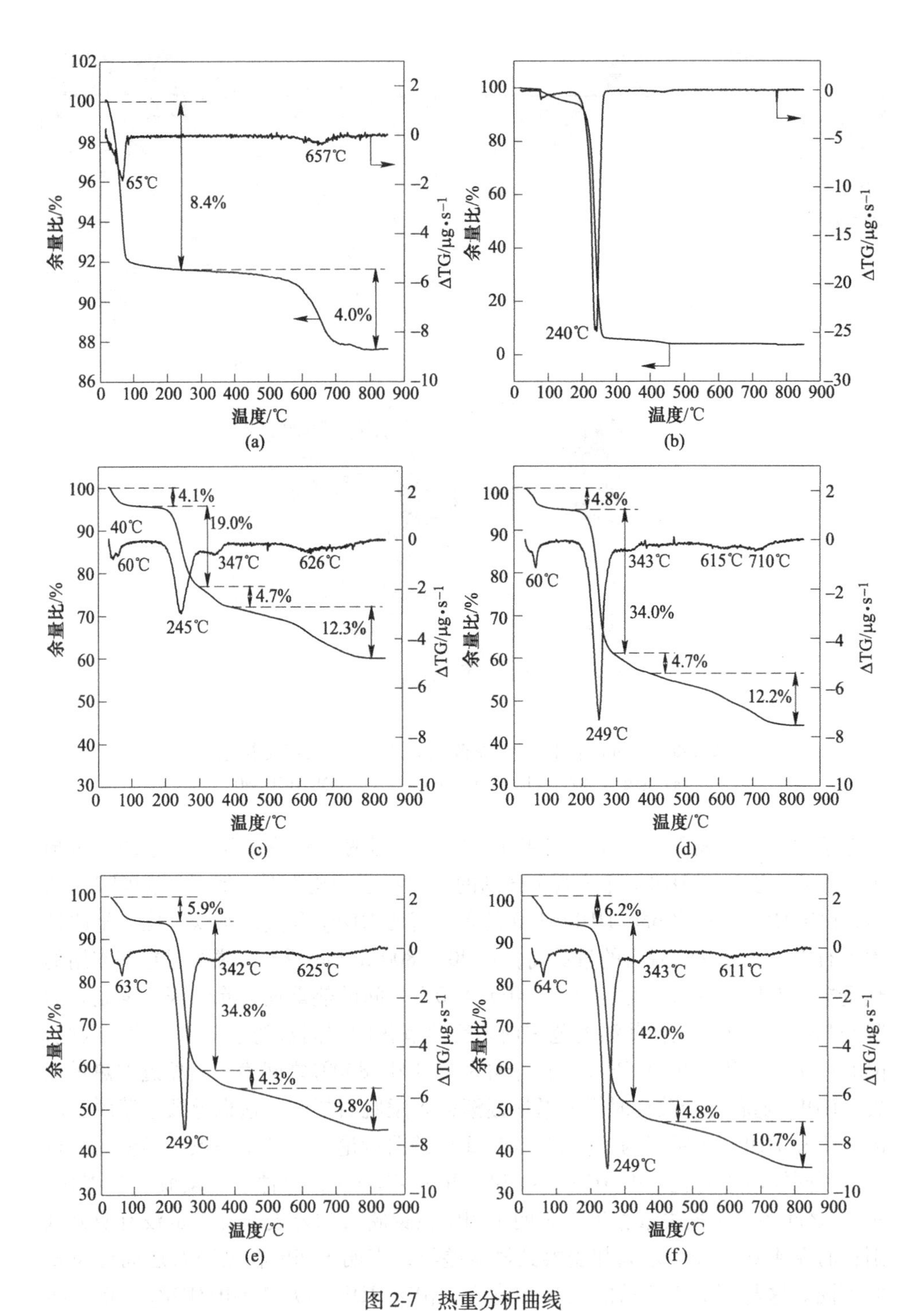

图 2-7 热重分析曲线

(a) Mt; (b) HDPy; (c) pMt/HDPy-1.0; (d) pMt/HDPy-40; (e) dMt/HDPy-1.0; (f) dMt/HDPy-40 dMt/HDPy-1.0 吸附某些污染物时，两者可能表现出相近的吸附性能。尽管 pMt/HDPy-40 中含有更多 HDPy-Cl（即离子交换位点），但是 HDPy 在层间的紧致分布将增加空间位阻，从而降低有机污染物或无机阴离子渗入层间疏水域或离子交换位点。结合图 2-2 和图 2-7 所示的结果可知，延长预分散蒙脱石与改性剂的混合时间，HDPy-Cl 逐渐锚定于蒙脱石外表面并插入层间。四种选定的改性蒙脱石表现出相近的热稳定性，最大热分解温度均出现在 249℃和 343℃。

2.3.2 高氯酸根与甲基红的吸附性能对比

如图 2-8 所示，蒙脱石预分散与否对两种体系所得改性蒙脱石吸附甲基红和高氯酸根并无显著影响。浓度为 0.037mmol/L 的甲基红溶液 pH 值为 8.2，此条件下甲基红主要以阴离子形式存在（$pK_a=5.05$），可通过离子交换或疏水性作用被改性蒙脱石所吸附。尽管甲基红和高氯酸根都是负一价阴离子，然而同一种改性蒙脱石对高氯酸根的吸附量远高于甲基红，这是因为大分子甲基红无法插入紧致的蒙脱石层间到达吸附位点进行离子交换。需要注意的是，溶液中甲基红或者高氯酸根阴离子可能与改性蒙脱石部分溶出的 HDPy-Cl 形成沉淀而被去除。在这种情况下，同一种改性蒙脱石对甲基红或者高氯酸根的去除特征应该相似，然而所观察到的实验结果与之相矛盾。因此，可能只有少量的 HDPy 被释放至溶液中，并与甲基红或高氯酸根电荷中和，然后被改性蒙脱石通过疏水作用而固定，而整个吸附动力学过程中很难观察到这一快速的吸附过程。换言之，相比于沉淀去除机制，渗入吸附位点进行离子交换更有可能发生，也是主要的吸附机制，从而表现出不同的吸附容量和动力学特征。甲基红和高氯酸根离子在两种改性蒙脱石的吸附平衡时间为 70min，与染料酸性红 57 在表面活性剂改性海泡石上的吸附速率相当。

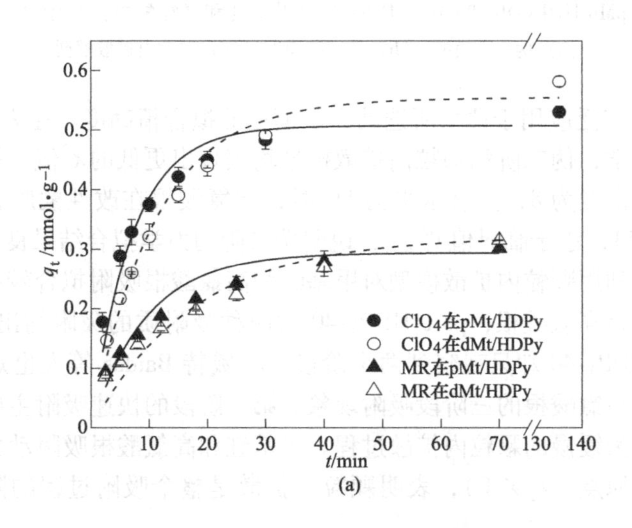

(a)

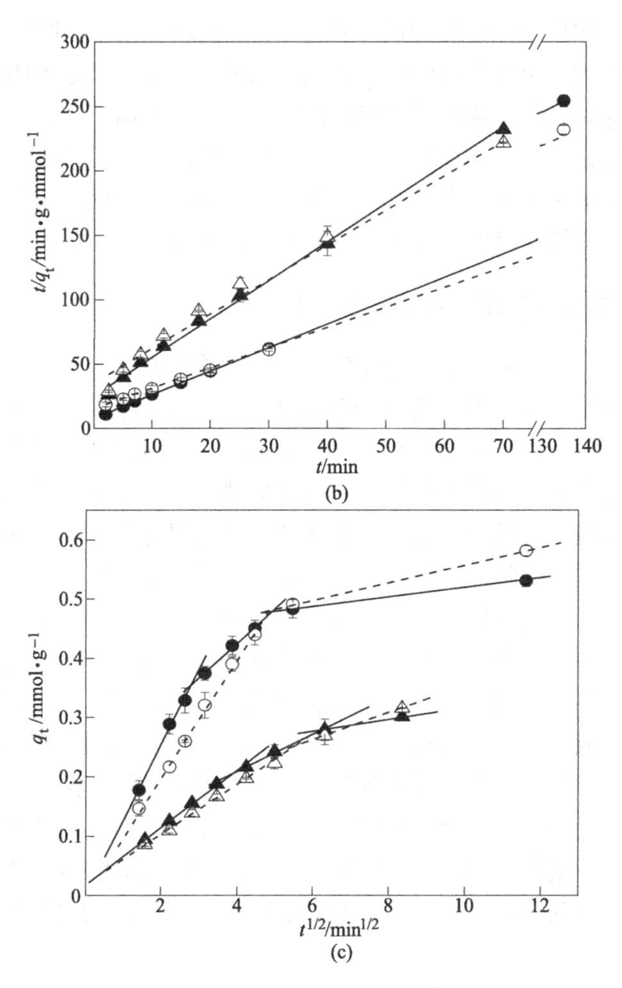

图 2-8 pMt/HDPy-40 和 dMt/HDPy-40 对甲基红和高氯酸根的吸附动力学拟合

（a）伪一阶模型；（b）伪二阶模型；（c）颗粒内扩散模型

χ^2和R^2被广泛应用于评估所选动力学模型的拟合精确度。在表 2-1 中，相比于伪一阶动力学，伪二阶和颗粒内扩散模型均表现出更低的χ^2值，呈现更好的拟合效果。在自由度为 8，显著水平为 5%时，高氯酸根在改性蒙脱石上的吸附拟合χ^2值为 15. 51，小于临界值$\chi^2_{critical}$，说明伪二阶动力学拟合结果良好。同样的评价方法发现，利用颗粒内扩散模型对甲基红和高氯酸根吸附拟合较好。然而，不管是甲基红还是高氯酸根，pMt/HDPy-40 对两种吸附质的吸附均出现三个阶段，而对于 dMt/HDPy-40 却只观察到两个阶段。科威特 Baidas 等人也观察到了季铵盐改性芦苇对高氯酸根的三阶段吸附现象。第一阶段的快速吸附主要归因于外表面吸附，随后为缓慢的颗粒内扩散过程。甲基红和高氯酸根吸附动力学中的第二阶段均未通过原点（$c_2 \neq 0$），表明颗粒内扩散是整个吸附过程的限速步骤。另外，相比 pMt/HDPy-40，dMt/HDPy-40 呈现出更大的 c_2值，说明后者具有更厚的边界层。这与热重结果相吻合，dMt/HDPy-40 在 100℃以下归因于脱水的热重损失更高。这可能是因为相比 pMt/HDPy-40，dMt/HDPy-40 界面更加亲水，因此在吸附质溶液中形成更厚的水化层，从而作为一种过渡相阻滞疏水性吸附质扩散至吸附剂表面。

表 2-1 pMt/HDPy-40 和 dMt/HDPy-40 对甲基红和高氯酸根吸附的动力学模型拟合参数

吸附质/试样		伪一阶动力学模型				伪二阶动力学模型			
		q_{e1}	k_1	R^2	χ^2	q_{e2}	k_2	R^2	χ^2
ClO_4^-	pMt/HDPy-40	0.507	0.144	0.930	28.8	0.549	0.406	0.999	0.651
	dMt/HDPy-40	0.554	0.090	0.984	33.2	0.639	0.155	0.998	7.43
MR	pMt/HDPy-40	0.294	0.105	0.960	233	0.334	0.351	0.996	50.6
	dMt/HDPy-40	0.321	0.056	0.970	352	0.373	0.203	0.992	342

颗粒内扩散动力学模型										
k_{d1}	c_1	R^2	χ^2	k_{d2}	c_2	R^2	χ^2	k_{d3}	c_3	R^2
0.126	9.31×10^{-4}	0.990	0.204	0.0581	0.192	0.988	0.104	7.71×10^{-3}	0.441	1.00
0.0997	3.40×10^{-3}	0.995	1.24	0.0147	0.411	1.00	—	—	—	—
0.0484	0.0173	0.995	2.90	0.0312	0.0845	0.991	0.063	0.0109	0.210	1.00
0.0421	0.0188	0.999	1.41	0.0225	0.127	1.00	—	—	—	—

2.3.3 预分散的影响机制与必要性分析

相比其他层状材料，如双金属氢氧化物，蒙脱石电荷密度较低且离域明显，将粉末蒙脱石预分散于水溶液中将有助于蒙脱石的自层离。层离后的蒙脱石充分暴露层间表面积，降低有机改性剂负载时的空间位阻，导致预分散后的蒙脱石能在 1min 内快速实现 $HDPy^+$的饱和负载和 65%的 HDPy-Cl 负载（见图 2-2）。如图 2-9 所示，在预分散蒙脱石与 HDPy-Cl 溶液混合改性的瞬间，HDPy-Cl 胶束作为软模板迅速调控层离的蒙脱石片层使其重新堆叠成层状结构，随后 HDPy-Cl 胶束逐渐解体为单体后发生重排，在蒙脱石层间形成倾斜双层结构。dMt/HDPy-1.0 和 dMt/HDPy-40 相近的 HDPy 含量和 XRD 谱图说明该过程在 1min 内就已经完成。超过 1min 后，延长混合改性时间仅仅是促进了 HDPy-Cl 在蒙脱石外表面的负载以及少量的插层，热重曲线讨论部分已经作了详述。由于双层 HDPy-Cl 构型在蒙脱石表面大量分布（step 3），dMt/HDPy-40 具备相对较高的水含量，在水溶液中形成较厚的水化层，排斥疏水性吸附质在改性蒙脱石表面富集，与颗粒内扩散模型所得较大的 c_2值相吻合。

当粉末蒙脱石加入到 HDPy-Cl 溶液中时，HDPy-Cl 胶束锚定在层状蒙脱石表

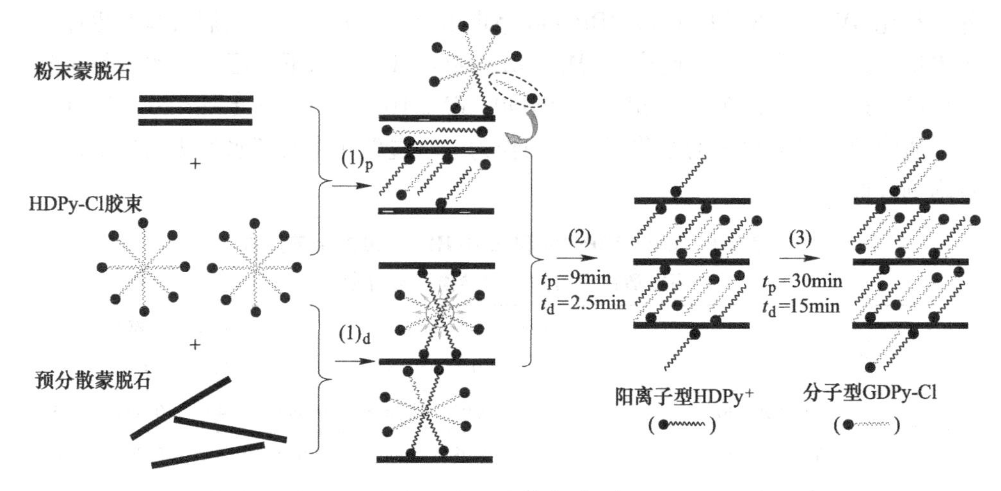

图 2-9 HDPy-Cl 对粉末和预分散蒙脱石的改性过程示意图

面。与此同时，部分 HDPy-Cl 胶束逐渐瓦解为单体，并逐渐插入水化膨胀的蒙脱石层间，呈现水平双层构型后缓慢向倾斜双层构型转化（step2）。这与图 2-3 所示的 XRD 谱图结果一致，随着混合改性时间的增加，001 衍射峰逐渐向低衍射角偏移，且 2.1°衍射峰与 4.2°衍射峰（也是水平双层的 001 峰）强度逐渐增加。粉末蒙脱石加入 HDPy-Cl 溶液中后，伴随着水分子水化层间钠离子撑开蒙脱石层的同时，因空间位阻降低，HDPy-Cl 快速插入层间，在 4min 内完成该过程。韩国 Lee 等人也观察十六烷基三甲基铵改性蒙脱石在改性初很短的时间内快速的层间距扩张的现象。尽管该过程较为短暂，但蒙脱石中所有的阳离子交换位点均已被 $HDPy^+$所占据，并伴随负载等量的 HDPy-Cl（见图 2-2）。$HDPy^+$和 HDPy-Cl 在蒙脱石层间通过强疏水作用维持蒙脱石的层状结构，同时吸引更多的 HDPy-Cl 到层间形成更为紧致的构型以降低体系熵值。因此，相对预分散蒙脱石体系而言，dMt/HDPy 层间可能具有更多的 HDPy-Cl，美国密歇根州立大学 Xu 和 Boyd 发现十六烷基三甲基铵在充分分散的蒙脱石层间分布，构型较为松散。pMt/HDPy-40 和 dMt/HDPy-40 拥有相近的总 HDPy 含量，然而前者的外表面分布 HDPy 含量仅为 34%，而后者为 42%。这间接说明对于未分散的粉末蒙脱石，其层间分布的 HDPy 含量要高于预分散的蒙脱石。HDPy 在未分散蒙脱石层间的紧致分布导致了甲基红和高氯酸根需要渗入层间吸附位点，从而观察到图 2-8 所示的三阶段颗粒内扩散过程。

综上所述，相比于原始的粉末蒙脱石，预分散可实现蒙脱石的快速改性，并轻微提高各形态改性剂（阳离子型、电位中和型）在最终改性产物中的含量。然而，相比于季铵盐改性的粉末蒙脱石，季铵盐改性的预分散蒙脱石的晶型更差，拥有更多改性剂分布于蒙脱石外表面。两种条件得到的改性蒙脱石对甲基红和高氯酸根的吸附量相近，但吸附位点含量与分布情况的差异导致了吸附动力学的不同。从工程角度考虑，如果生产季铵盐改性蒙脱石作为吸附剂，蒙脱石没有必要进行预分散。相反，如果生产的季铵盐改性蒙脱石用于制造黏土/聚合物复合材料，可以考虑加入预分散过程。

3 传统季铵盐与双子季铵盐改性蒙脱石吸附苯酚和铬酸根的对比

3.1 苯酚与铬酸根

3.1.1 污染特征与环境毒理性

酚类化合物在染料、焦化、制药、煤气和石化等工业的应用十分广泛（如生产酚醛树脂、阿司匹林等），同时也是一类结构稳定、难降解、毒性大的有机污染物，已被美国国家环境保护总署列为129种优先控制的污染物之一，强制要求水中酚类物质含量小于1.0mg/L，与我国污水综合排放标准（GB 8978—2005）的三级排放标准要求一致。在含酚废水中，苯酚含量最高、毒性最大，苯酚溶解度较高（93g/L），在水溶液中的解离常数为9.98（pK_a），与水分子和溶液其他苯酚分子形成氢键网络。近10年来，国内相关学者检测到我国不同流域苯酚浓度范围在0~15.5mg/L。苯酚对微生物、藻类、动植物等均具有不同程度的毒理性，如王雅平等人研究发现，苯酚可通过抑制生物除磷关键酶的活性导致聚磷菌厌氧释磷和好氧吸磷能力下降；陈敏等人研究表明，蛋白核小球藻的光合活性参数受苯酚抑制作用显著；刘羽等人研究发现，在苯酚诱导作用下，蚕豆根尖细胞的有丝分裂指数明显下降，细胞微核率呈现先增大后降低的趋势；肖乾芬等人研究表明，酚类化合物可导致人体外周血淋巴细胞产生显著的微核，具有明显的遗传毒性。

铬是一种呈钢灰色的非活泼性有色金属，自然界中的铬多以氧化态形式存在，主要来源于铬铁矿（$FeCr_2O_4$）。铬具有较强的耐腐蚀性、质体较硬且脆、高熔点、耐磨性强等优良特点，因此被广泛应用于冶化、铸铁、耐火防腐和高精密科技等领域。人为铬污染主要来源于工业含铬废气、废水的排放及铬矿开采和冶炼等。化工、电镀、印染、玻璃陶瓷、纺织皮革等行业产生的含铬废渣任意堆存占据大量土地，残余铬会随雨水冲刷浸出，通过地表径流作用扩散迁移，对地表水、地下水的生态环境和水质安全造成严重威胁。三价铬是人体和动物所需的微量元素，毒性相对较小，但仍对环境具有较高的潜在危害性，六价铬在几乎所有pH值范围内均可溶，其生物毒性是前者的100倍以上，CrO_4^{2-} 和 $HCrO_4^-$ 是Cr(Ⅵ)在土壤中最易迁移的形态。Cr(Ⅵ)会对植物产生极大危害，破坏细胞壁与细胞器结构，影响植物细胞正常的有丝分裂，导致染色体断裂，当Cr(Ⅵ)

浓度超过 10mg/L 时，农作物的生长受到抑制；Cr 对水生动物的危害主要体现在血细胞数升高与组织器官增生或坏死等方面，将鲫鱼暴露于 10~40mg/L 的 Cr 离子溶液中，鲫鱼的血细胞数随 Cr 浓度升高及处理时间的增加而上升。微量的三价铬能防止人体血管壁硬化，而随着食物链富集的六价铬会导致人体内部氧化还原反应的紊乱，将血红蛋白转变为高铁血红蛋白，弱化红细胞的携氧功能，导致血液氧含量降低而中毒。长时间摄入 Cr 还将导致肾小管坏死、肝组织退化、致癌致畸等。我国对铬污染土壤的限定最高浓度为 350mg/kg，USEPA 限定土壤中铬含量可接受最高浓度为 390mg/kg，饮用水总铬浓度不超过 0.1mg/L。吴伟等人调查了湖北襄阳市电子厂周边的土壤重金属污染情况，发现土壤 Cr 污染平均浓度达到 3715mg/kg，显著高于土壤环境标准（旱地，[Cr]<300mg/kg）。王振兴等人研究湖南某合金厂附近场地的环境与人体健康风险评估，发现该厂至 1960 年以来矿渣就堆置于没有浸出保护的土壤中，而且大量的工厂废水排放时流经耕地，导致工厂区域土壤和附近农耕区域土壤的平均总铬浓度分别为 1910mg/kg 和 986mg/kg。

3.1.2 苯酚与铬酸根污染水体及土壤修复技术

水体苯酚的分离或降解研究已被广泛报道，如生物法，沈锡辉等发现红球菌 PNAN5 菌株（*Rhodococcus* sp. strain PNAN5）能以苯酚为唯一碳源，具有降解单环芳烃的能力，在 20~40℃、pH 值为 7.0~9.0 范围内降解苯酚的效率保持在 80%~100%之间，且受苯酚浓度变化（2~10mmol/L）影响较弱；化学催化氧化法，曲久辉等人研究发现采用 60mg/L 的高铁酸钾可去除 99.3%的浓度为 4mg/L 的邻氯苯酚，并不产生二次污染；吸附法，最为常用的方法之一，主要是考虑到苯酚含苯环亲油基团，采用吸附法分离水溶液中苯酚时可通过增加吸附剂的疏水性提高苯酚的分配系数，促进苯酚的高效分离，朱利中等人利用阴/阳离子表面活性剂对膨润土进行改性，得到的有机膨润土形成了具有“增溶”作用的有机相，极大地提高了对苯酚的分离性能。由于吸附法操作简单，改性凹凸棒、改性花生壳、钢渣、焙烧水滑石、树脂、金属有机框架等吸附剂也相继被报道。与水体苯酚处理技术类似，土壤苯酚污染的治理也包含生物净化、化学修复及物理钝化等。土壤中存在大量土著苯酚降解菌，曹宏明等人从红树林根际土壤中筛选出 5 株耐高盐环境的苯酚菌株，均为假单胞菌属（*Pseudomonas*），最高可降解 1500mg/L 的苯酚。陈宝梁等人通过向受试土壤中加入十四烷基吡啶，利用表面活性剂烷基链形成的疏水性有机相提高对苯酚的分配系数，增强了土壤对苯酚的固定作用。电动修复主要利用电流作用对土壤中的苯酚进行富集，苯酚的迁移速率与方向受电渗析流和电迁移两驱动力调控。苯酚为离子形态时电迁移占主导作用，离子态苯酚在阳极富集；反之，苯酚分子则受土壤孔隙水的冲刷、分配及拖动作用在电渗析作用下向阴极移动。

众多含铬废水的处理方法中，吸附法仍是被研究最为广泛的方法之一，已开发的吸附剂包括改性膨润土、沸石、农林生物质、活性炭、改性污泥、钢渣、纳米零价铁、粉煤灰等。由于铬酸根的剧毒性，采用微生物富集铬的研究相对较少。利用还原剂将铬酸根先转化为毒性更低的三价铬离子，再通过调节体系 pH 值形成 $Cr(OH)_3$ 沉淀是一种常见的水体除铬组合工艺，充分利用了化学还原法与沉淀法相联合的沉降速度快、处理效果好等优势。重金属污染土壤的修复技术主要有换土、固化/稳定化、氧化还原、淋洗、电动和生物修复等，这些技术的选取往往取决于污染场地的地理位置、污染物特征、经济预算、效用性、修复时间和公众可接受度等因素。其中作为原位修复技术的固化/稳定化法因可同时处理多种污染物、使用简单易行、稳定性强等特点得到广泛应用，其原理是通过在土壤中引入化学药剂对易迁移污染组分（可溶或可交换态）进行钝化，以诱导稳定剂和重金属之间发生物理化学相互作用，这些化学药剂通常具有吸附、离子交换、混凝和絮凝等作用，可将污染组分转化成沉淀或进行强吸附，从而阻滞、捕获污染物，降低其流动性。Hou 等人利用多层改性零价铁对 110mg/kg 的 Cr(Ⅵ) 碱性土壤进行修复，当投加 3%材料并连续修复 90 天后，钝化率达 74.48%。祝方等人利用纳米级零价 Fe/Cu 双金属颗粒对 Cr(Ⅵ)污染土壤修复，在 pH 值为 5，$T=303K$ 和投加量为 0.06g 时，10min 内 Cr(Ⅵ)去除率达到 99% 以上。

3.1.3 季铵盐改性蒙脱石吸附苯酚与铬酸根的研究现状

季铵盐改性蒙脱石对苯酚的吸附性能受吸附剂的结构与苯酚的存在形态影响，蒙脱石层间产生疏水有机相的同时需提供足够的微域以容纳苯酚分子，而这与季铵盐分子结构和使用量密切相关。此外，除分配作用外，当苯酚以离子形态存在时，季铵盐改性蒙脱石可通过离子交换作用吸附苯酚阴离子。以季铵盐改性蒙脱石为吸附剂时，吸附质一般为染料、农药等有机污染物，而在无机污染物中对铬酸根的研究最为广泛，这主要是因为相比砷酸根等剧毒无机阴离子，季铵盐改性蒙脱石对铬酸根有良好的吸附性能，离子交换为主要吸附机制。

3.2 传统季铵盐与双子季铵盐改性蒙脱石的理化性质对比分析

3.2.1 传统季铵盐与双子季铵盐改性蒙脱石的合成

本章采用的蒙脱石与第 2 章一致，为 Kunipia-F 型钠基蒙脱石；双子季铵盐烷基链的碳原子数为 12 的双子季铵盐 N，N′-双(十二烷基二甲基)-1，4-丁基溴化铵合成方法如下：0.11mol 的十二烷基二甲基胺与 0.05mol 的 1，4-二溴丁烷溶解于 60mL 乙醇溶液中，85~90℃条件下回流反应二天。利用真空旋转蒸发仪于 75℃条件下减压 1h 除去乙醇，所得粗产物经乙酸乙酯和乙醇清洗和再结晶两次后得到纯化后的双子季铵盐。该合成方法所得双子季铵盐产率约88%，^1H-NMR谱分析所得结果为δ 0.84（t,6H,J=8Hz），1.18~1.32(m,36H)，1.72(m,4H)，2.07(m,4H)，3.27(s,12H)，3.41(t,4H,J=8Hz)，3.88(t,4H,J=8Hz)，与分子理论结构吻合，表明纯度较好。采用的传统季铵盐为十二烷基三甲基溴化铵（DTMA）。将0.5倍和1.5倍于蒙脱石CEC的DTMA和0.25倍、0.75倍于蒙脱石CEC的gBDDA分别溶解于50mL去离子水中，向其中分别缓慢加入蒙脱石悬浮液，并剧烈搅拌15min。随后转入超声/微波联合反应装置，改性条件与本章所采用的实验条件相近，最终所得改性蒙脱石命名为cOMt-0.5、cOMt-1.5、gOMt-0.25及gOMt-0.75。值得一提的是，季铵盐改性蒙脱石吸附水体污染物时常伴随改性剂的溶出，而改性剂的溶出与改性蒙脱石合成过程中的清洗程度密切相关。本章通过向分离出的清洗上清液中滴加0.1mol/L的硝酸银来判定清洗程度，直到无法肉眼观察到白色沉淀后才认为清洗完成。为测定各改性蒙脱石中改性剂的含量，每一次清洗溶液均被收集，最终混合后测定溶液总体积及其有机碳浓度。

3.2.2 传统季铵盐与双子季铵盐改性蒙脱石的结构与组成差异

传统季铵盐DTMA和双子季铵盐gBDDA在改性蒙脱石中的含量见表3-1。除cOMt-1.5仅含65.9%外，其他改性蒙脱石中所负载的改性剂含量均超过初始投加的90%。基于传统季铵盐在蒙脱石表面的吸附机制可知，季铵盐首先以阳离子形态锚定在蒙脱石表面中和其负电荷，其次电荷平衡离子配对型季铵盐通过烷基链间的疏水作用或范德华力被吸附，形成双层结构，导致亲水性头部朝向水溶液中。cOMt-1.5所负载的DTMA约为1.0倍的蒙脱石CEC，表明所负载的DTMA主要是阳离子形态存在，而非以弱疏水作用、易被洗脱的电荷平衡离子配对形态存在，这与图3-1中难以检测到Br分布的结果相吻合。相反，图3-1中gOMt-0.75的Br分布含量相对更高，这在后文中将用于解释cOMt-1.5与gOMt-0.75对铬酸根吸附特征的差异性。

表3-1 改性蒙脱石的改性剂含量（f）、d_{001}、亚甲基伸缩振动波长、比表面积、介孔体积与平均孔径

吸附剂	f_{ocm}/mmol · g^{-1}-Mt	f'_{ocm}（CEC倍数）	f_{oco}/mmol · g^{-1}	d_{001}/nm
cOMt-0.5	0.512	0.460	0.428~0.579	1.44
cOMt-1.5	1.101	0.988	0.747~1.01	1.82
gOMt-0.25	0.254	0.228	0.221~0.295	1.42
gOMt-0.75	0.814	0.731	0.483~0.643	2.22

续表 3-1

吸附剂	ν_{as}(—CH_2)/cm^{-1}	ν_s(—CH_2)/cm^{-1}	S_{BET}/$m^2 \cdot g^{-1}$	$V_{meso.}$/$cm^3 \cdot g^{-1}$	r/nm
cOMt-0. 5	2930	2856	15. 4	0. 0819	21. 6
cOMt-1. 5	2928	2854	7. 6	0. 0569	28. 1
gOMt-0. 25	2930	2856	16. 7	0. 0850	19. 9
gOMt-0. 75	2926	2852	5. 1	0. 0364	27. 2

注：1. f_{ocm}表示单位质量蒙脱石所负载的 DTMA 或 gBDDA 含量（通过水质分析计算可得）；

2. $f'_{ocm}=f_{ocm}$/CEC，其中$f_{ocm'}$表示使用蒙脱石 CEC 均一化的数据；

3. f_{oco} = 1000w/M，其中 f_{oco} 表示单位质量改性蒙脱石所负载的 DTMA 或 gBDDA 含量，M(mg/mmol)为阳离子型或电荷平衡离子配对型季铵盐的相对分子质量，w 表示基于热重曲线估计在 150~520℃范围的热重损失；

4. $V_{meso.}$ 测量采用 BJH 方法。

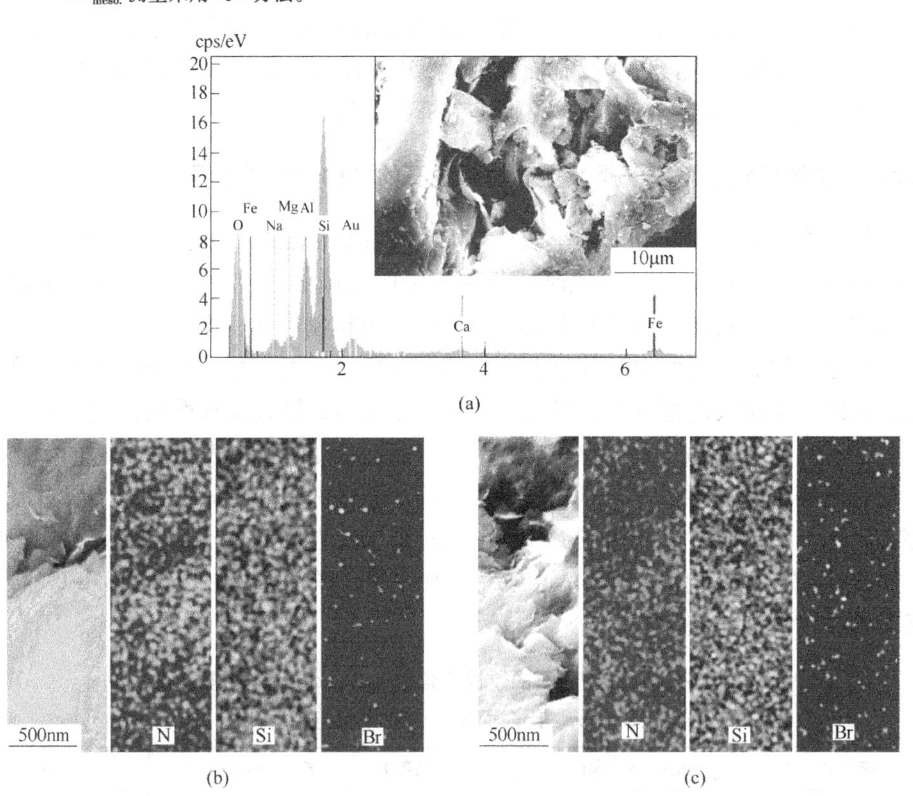

图 3-1 SEM 图像与 EDS 谱图及元素分布

（a）原始蒙脱石；（b）cOMt-1. 5；（c）gOMt-0. 75

为阐明蒙脱石层间的传统季铵盐与双子季铵盐构型，本章收集了四种改性蒙脱石的 XRD 谱图，结果如图 3-2 所示。DTMA 和 gBDDA 改性蒙脱石的 001 衍射峰所对应的衍射角从 7.0°向更低角度偏移，表明两种改性剂的成功插层。基于已报道的十六烷基三甲基铵三维大小及亚甲基长度，DTMA 的大小约为 2.02nm×0.67nm×0.51nm，假设 gBDDA 的两条烷基链均在同一个平面，gBDDA 的大小应该为 3.82nm×0.67nm×0.51nm 或 1.81nm×1.06nm×0.67nm（见图 3-2）。结合表 3-1 中的 d_{001} 结果，考虑到烷基链厚度约 0.41~0.46nm，cOMt-0.5 和 cOMt-1.5

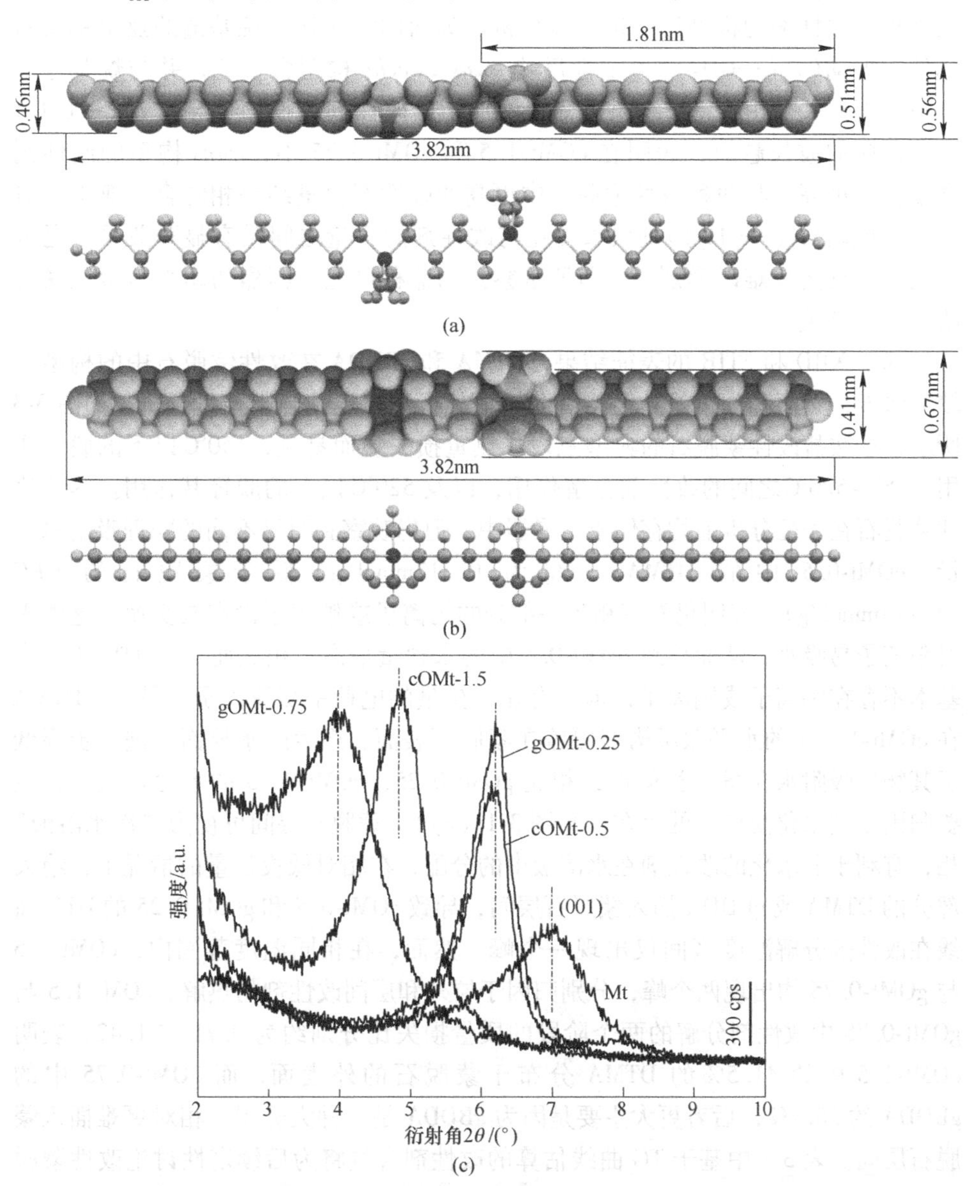

图 3-2　gBDDA 分子结构示意图及蒙脱石改性前后 XRD 谱图
(a) 正视图；(b) 俯视图；(c) 蒙脱石改性前后 XRD 谱图

中的 DTMA 应该分别呈水平单层和双层构型。类似地，gOMt-0.25 中的 gBDDA 也应该是以水平单层的形式分布于层间，而 gOMt-0.75 中的构型则可能比较多样化，水平双层、伪三层及倾斜单层等构型均有可能。

具有相同的 XRD 谱图的两种改性蒙脱石，虽然其层间距一致，但改性剂在层间的构型可能以 *all-trans* 或者 *gauche* 构型存在。因此，需要通过 FTIR 表征结果对改性剂的构型进行进一步分析。如前两章所述，烷基链的亚甲基反对称伸缩振动(ν_{as}(—CH_2))可定性反映 *trans/gauche* 构型含量比，并与烷基链的分布密度有关。由表 3-1 结果可知，增加初始改性剂的投加量导致 ν_{as}(—CH_2)峰所对应的波长越短，表明在 cOMt-1.5 和 gOMt-0.75 中，*trans* 构型的改性剂含量相对更高，与两种改性蒙脱石中更高的改性剂含量结果相吻合。亚甲基对称伸缩振动(ν_s(—CH_2))的波长变化与改性剂的含量之间没有显著关系，通常其波长的红蓝移难以辨别，本节所观察到的蓝移可能与剧烈的超声与微波联合改性条件有关。

基于 XRD 和 FTIR 的表征结果，DTMA 和 gBDDA 在改性蒙脱石中的构型已较为清晰，然而其分布差异仍需借助热重分析进行定性与半定量分析。如图 3-3 所示，季铵盐改性蒙脱石的典型三段式热重损失显而易见，150℃以下的脱水作用，150~520℃之间的改性剂分解作用，以及 520℃以上的脱羟基作用。尽管改性蒙脱石在表征分析前均存储于干燥器中，但仍观察到明显不同的物理吸附水含量。cOMt-0.5 中的 DTMA 含量为 0.512mmol/g，低于蒙脱石的 CEC (1.114mmol/g)，表明仍然有相当一部分的钙离子或钠离子没有被交换，这些无机阳离子易吸水，从而导致 cOMt-0.5 中的水含量最高。相比而言，cOMt-1.5 中基本不存在钙离子或钠离子，但含有非常少量的电荷平衡溴离子。另外，DTMA 在 cOMt-1.5 中的水平双层构型覆盖在蒙脱石表面、产生疏水界面，进一步降低了其物理吸附水含量。类似地，相比 gOMt-0.25，gOMt-0.75 的水含量更高，主要归因于其水化溴离子的存在（见图 3-1（c））。蒙脱石层间可视为“次水溶液”相，有利于弱水化的改性剂在水溶液中的分配，在相对低投加量的情况下，绝大部分的 DTMA 或 gBDDA 插入蒙脱石层间，导致 cOMt-0.5 和 gOMt-0.25 的 DTG 曲线在改性剂分解温度区间仅出现一个峰。然而，在相同温度范围内，cOMt-1.5 与 gOMt-0.75 均出现两个峰，分别归因于层外和层间改性剂的热解。cOMt-1.5 与 gOMt-0.75 中改性剂分解的两个阶段的质量损失比分别约为 0.71 与 1.42，表明 cOMt-1.5 中约 41.5% 的 DTMA 分布于蒙脱石的外表面，而 gOMt-0.75 中的 gBDDA 约 58.7%，后者更大主要是因为 gBDDA 是一种大分子，相对更难插入蒙脱石层间。表 3-1 中基于 TG 曲线估算的改性剂含量将为后续定性讨论改性蒙脱石对污染物的吸附性能提供对照数据。

图 3-1 中蒙脱石 SEM 图呈现典型的弯曲片状形貌，且表面皱褶较多，但是经

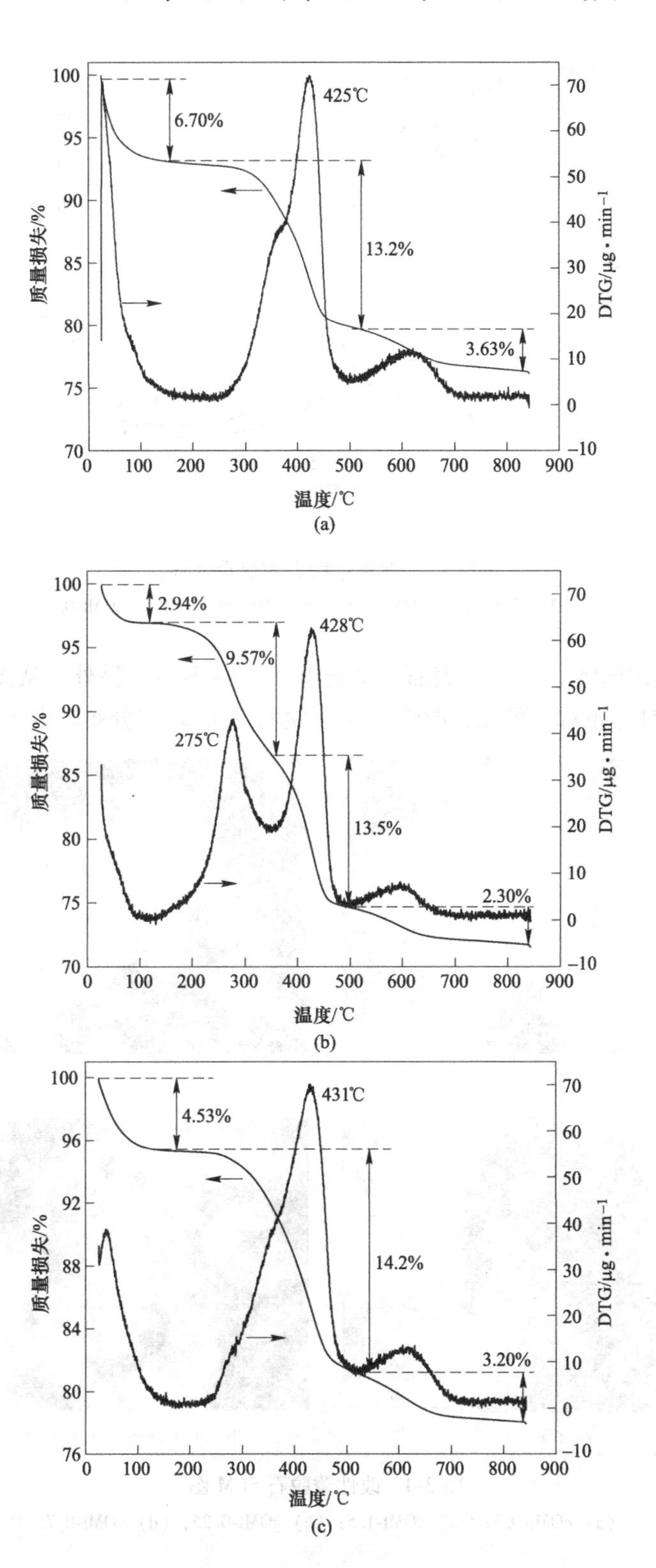
100
95
90
85
80
75
70
质量损失/%
DTG/μg·min⁻¹
425℃
6.70%
13.2%
3.63%
温度/℃
(a)
2.94%
9.57%
428℃
275℃
13.5%
2.30%
温度/℃
(b)
4.53%
431℃
14.2%
3.20%
温度/℃
(c)

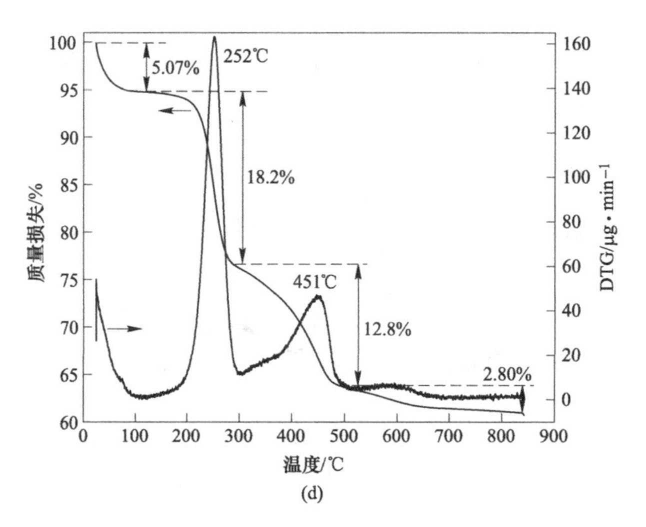

图 3-3 改性蒙脱石的热重曲线

（a）cOMt-0.5；（b）cOMt-1.5；（c）cOMt-0.25；（d）cOMt-0.75

过 DTMA 和 gBDDA 改性后，表面变得光滑（见图 3-4）。另外，从图 3-1 中 N 和 Si 元素的相对分布对比可知，改性剂在蒙脱石表面均匀分布。由于 SEM 图像分

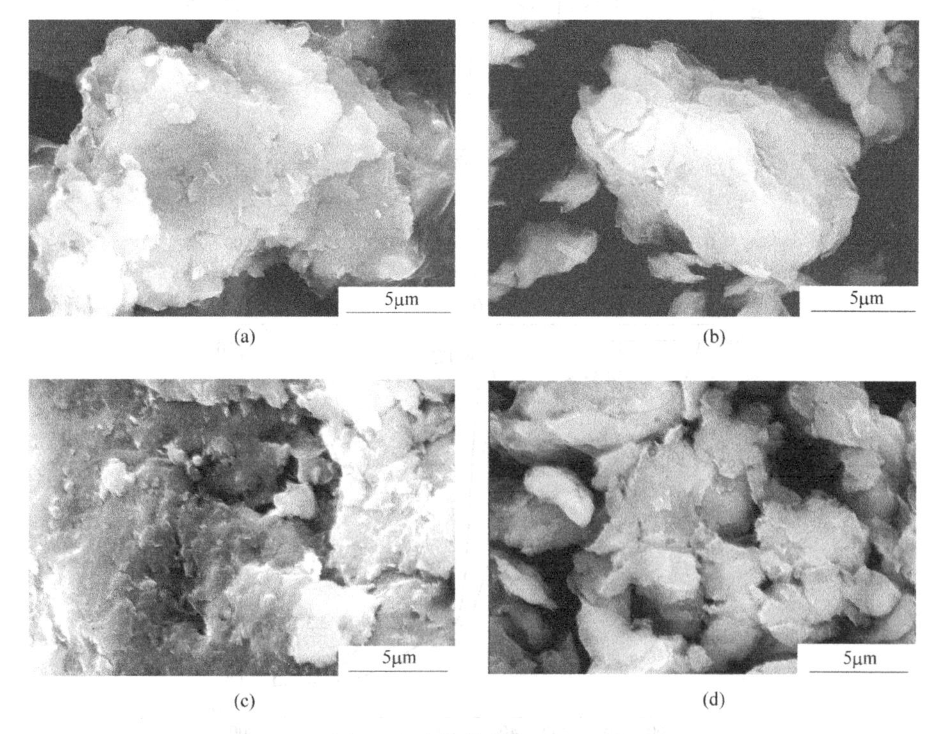

图 3-4 改性蒙脱石 SEM 图

（a）cOMt-0.5；（b）cOMt-1.5；（c）gOMt-0.25；（d）gOMt-0.75

辨率有限，原始蒙脱石及改性蒙脱石的TEM图像被对比分析，如图3-5所示，原始蒙脱石与改性蒙脱石均呈现出明显的层状结构。在众多文献中，结合比例尺与堆叠层数，TEM图像常用于估算蒙脱石层间距，然而本节所估计的层间距与XRD谱001衍射峰所计算的层间距有较大差异。这可能与所观测的蒙脱石颗粒的倾向有关，当颗粒以一定角度倾斜而不是垂直于00l晶面分布时，则TEM估计的层间距将偏小。通过插入不同量的DTMA和gBDDA后，仍然观测到大量的笔直或者弯曲的蒙脱石片层有规律地堆叠在一起，该观察结果与早期He等人所报道的蒙脱石形貌与改性剂在层间的堆积密度有关这一现象似乎相矛盾。这种差异可能是因为不同的合成条件，本章所采用的是较少研究的超声与微波联合改性法。

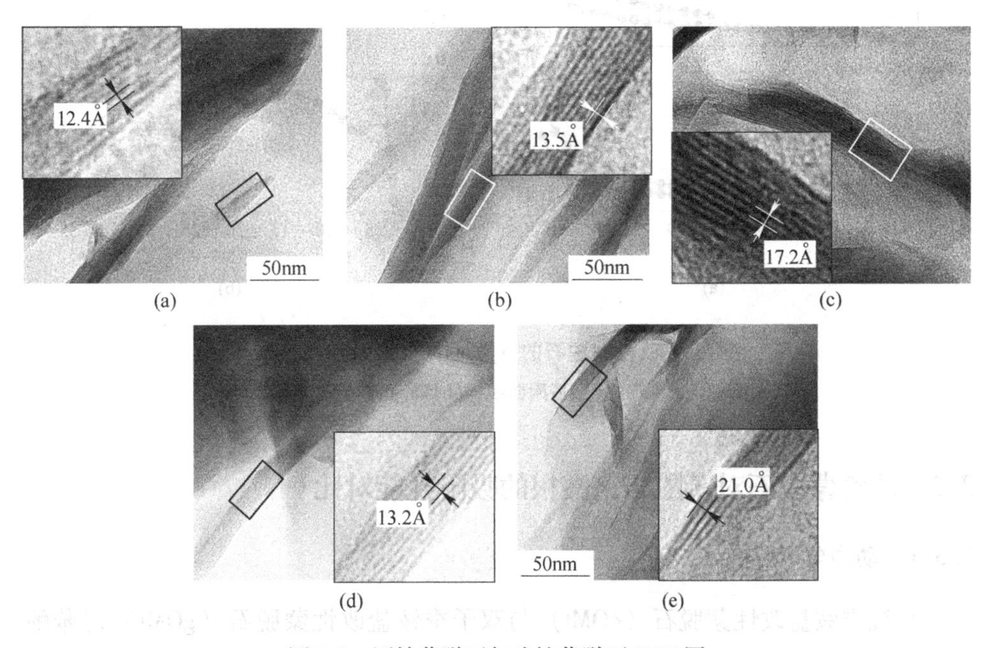

图3-5 原始蒙脱石与改性蒙脱石TEM图

(a) Mt；(b) cOMt-0.5；(c) cOMt-1.5；(d) gOMt-0.25；(e) gOMt-0.75

表面积是影响吸附剂吸附污染物的最为重要的影响因素之一。原始蒙脱石的比表面积（S_{BET}）为30.6m^2/g，改性后该值降低并且使用改性剂越多其S_{BET}降低越多。图3-6中各样品的N_2吸脱附曲线为Ⅳ类，表明样品具有介孔性。基于N_2吸附曲线，BJH方法用于计算介孔的孔径分布情况。具有更多改性剂的改性蒙脱石具有更小的孔体积和更大的平均孔径，gOMt-0.75呈现最小的孔体积，主要是因为其较高的烷基链堆积密度。

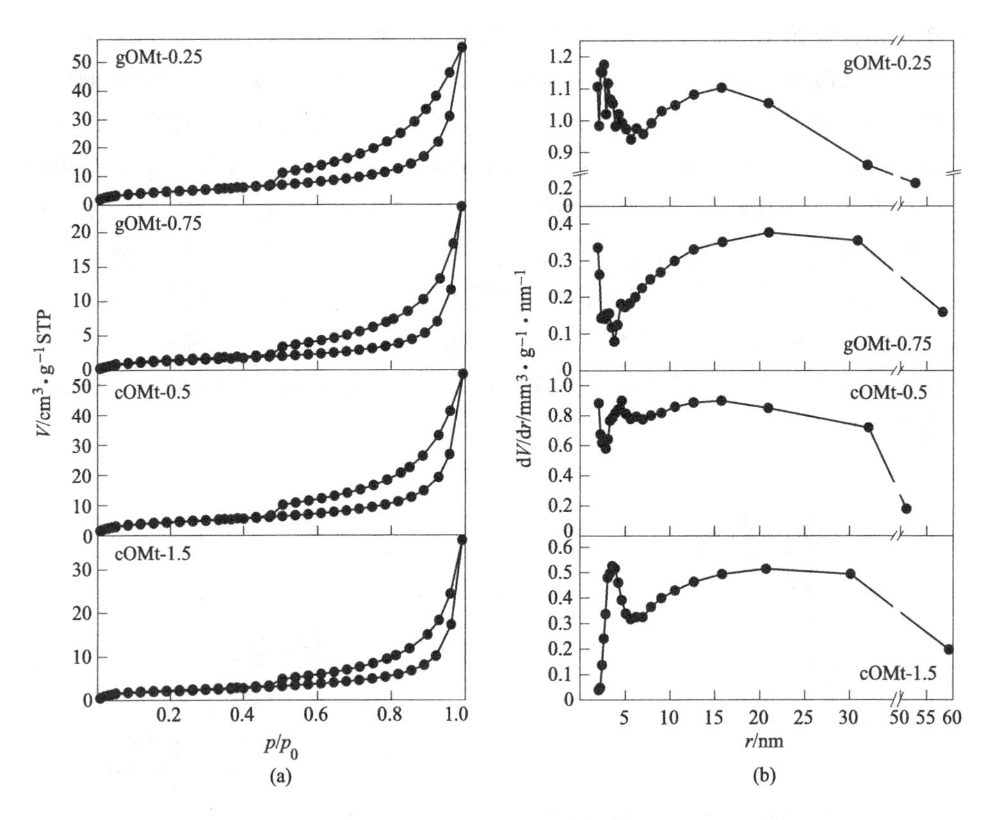

图 3-6 改性蒙脱石的 N_2 吸脱附曲线及介孔分布

(a) N_2 吸脱附曲线；(b) 介孔分布

3.3 改性蒙脱石对苯酚与铬酸根的吸附性能对比

3.3.1 动力学

传统季铵盐改性蒙脱石（cOMt）与双子季铵盐改性蒙脱石（gOMt）对苯酚与铬酸根的吸附动力学结果及拟合参数如图 3-7 所示及见表 3-2。对所有体系来说，伪二阶动力学模型均能较好地拟合铬酸根及苯酚在改性蒙脱石上的吸附动力学结果，拟合相关系数 $R^2>0.986$。早期报道中，研究人员采用了多种动力学模型拟合苯酚与铬酸根在改性黏土上的吸附动力学数据，结果发现伪二阶动力学模型拟合效果最好。苯酚与铬酸根在水溶液中的主要型体与溶液的 pH 值有关。如图 3-8 所示，在浓度为 1.0mmol/L 的苯酚溶液中，其 pH 值约为 6.2，此时苯酚主要以中性分子形式存在，则改性蒙脱石对苯酚的吸附主要归因于分配机制，这与改性蒙脱石中有机改性剂的含量与分布、构型密切相关。尽管 gOMt-0.25 与 cOMt-0.5 具有相近的改性剂含量，但是 gOMt-0.25 对吸附苯酚的初始速率（h）

更高，可能是因为 DTMA 和 gBDDA 在两种改性蒙脱石中的构型不同。gOMt-0.25 比 cOMt-0.5 具有更低的水含量，表明其疏水性越高，导致其更难形成水化层或者在水溶液中水化层更薄，则苯酚透过该稀薄的水化层吸附于改性蒙脱石中所需时间将更少，从而表现出更快的初始吸附速率。相比于 gOMt-0.25，gOMt-0.75 具有更高的 gBDDA 含量及相近的水含量，后者表现出更大的 h 值可能是因为其更大的层间距，层间能容纳的苯酚分子更多。对于铬酸根的吸附，溶液初始 pH 值为 7.21，$HCrO_4^-$ 和 CrO_4^{2-} 为主要型体，这两种阴离子易被改性蒙脱石中的电荷平衡阴离子所交换，gOMt-0.75 中大量存在的溴离子可解释其吸附铬酸根所表现出的更高 h 值。

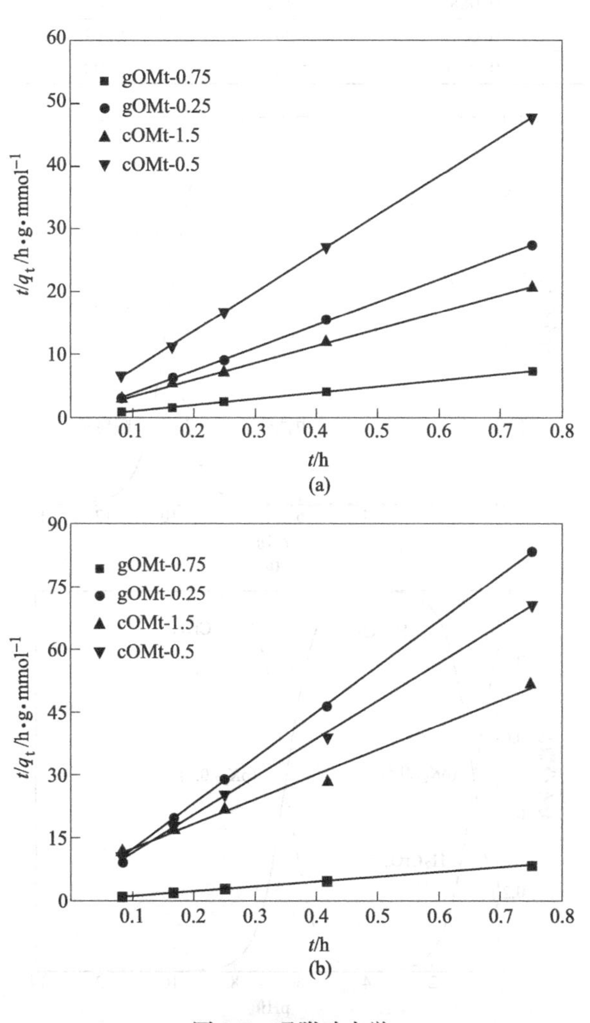

图 3-7 吸附动力学

（a）苯酚；（b）铬酸根

表 3-2 伪二阶动力学模型对改性蒙脱石吸附苯酚与铬酸根的拟合参数

吸附剂	苯酚			
	吸附量/mmol · g^{-1}	k/g · $mmol^{-1}$ · h^{-1}	R^2	h/mmol · g^{-1} · h^{-1}
gOMt-0. 25	0. 0277	8061	0. 999	6. 185
gOMt-0. 75	0. 1032	1239	1. 000	13. 20
cOMt-0. 5	0. 0163	2907	0. 999	0. 772
cOMt-1. 5	0. 0374	1177	0. 998	1. 646
吸附剂	铬酸根			
	q_e/mmol · g^{-1}	k/g · $mmol^{-1}$ · h^{-1}	R^2	h/mmol · g^{-1} · h^{-1}
gOMt-0. 25	0. 0092	7904	0. 998	0. 669
gOMt-0. 75	0. 0887	3389	1. 000	26. 66
cOMt-0. 5	0. 0110	1297	0. 998	0. 157
cOMt-1. 5	0. 0170	528. 5	0. 986	0. 153

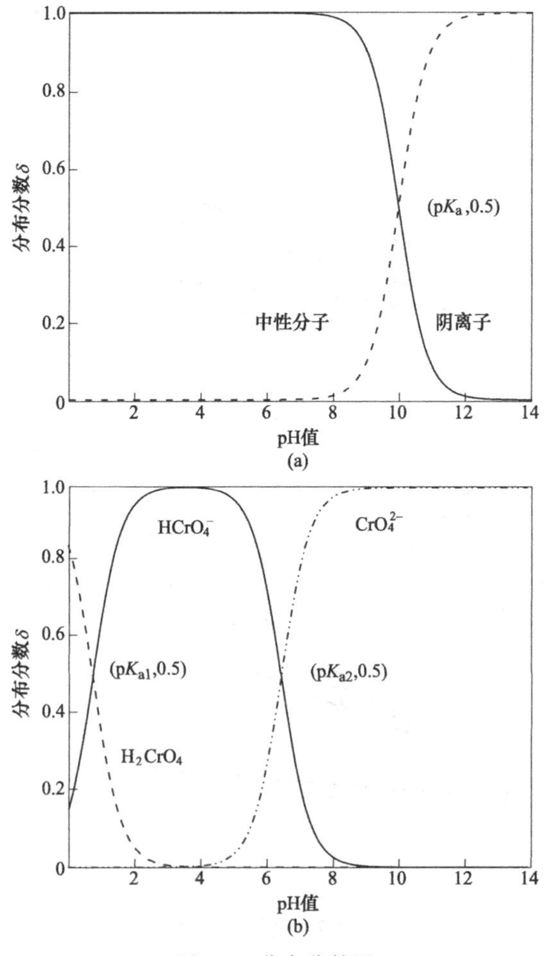

图 3-8 分布分数图

(a) 苯酚；(b) 铬酸根

3.3.2 等温线

吸附质的初始浓度对改性蒙脱石吸附苯酚与铬酸根的影响如图 3-9 所示。在低浓度情况下，苯酚吸附呈现线性等温线，进一步佐证了分配机制。然而，在更高浓度时呈现的非线性等温线表面除了分配作用外，存在其他吸附机理。在水溶液中，改性蒙脱石通过水化作用可能产生一些新微域，从而增加对污染物的吸附量但降低对疏水性苯酚的亲和性，相关假设需要通过对水溶液中改性蒙脱石的进一步表征来证明。另外，苯酚分子之间的 π-π 作用也可能是高浓度下呈现非线性等温线的原因之一。Freundlich 吸附等温线模型对各改性蒙脱石吸附苯酚实验

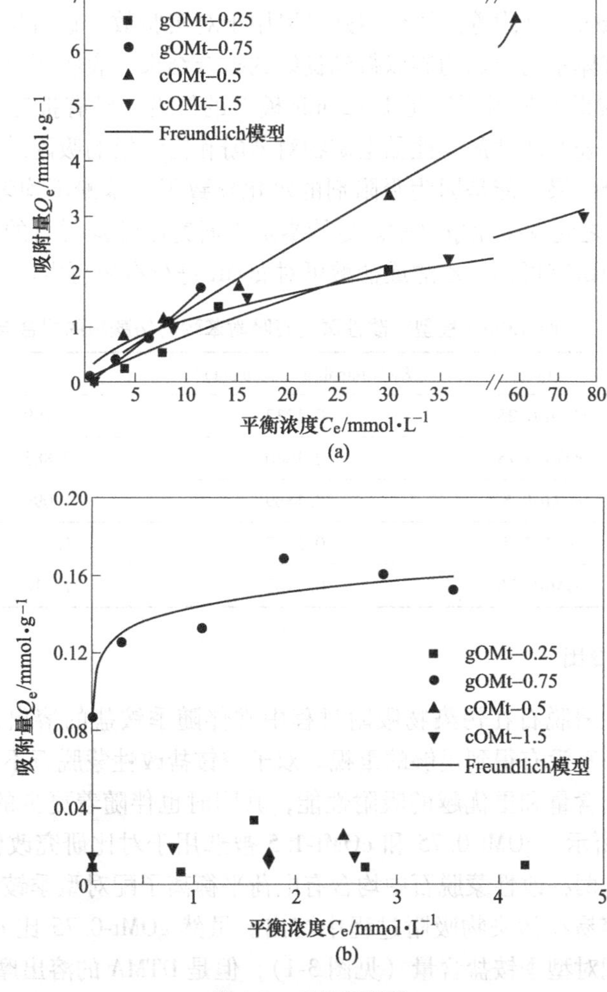

图 3-9 吸附等温线

(a) 苯酚；(b) 铬酸根

数据的拟合结果较好（见表 3-3，R^2>0. 94），表明苯酚的吸附过程可能包含了多层吸附。值得注意的是，对于样品 gOMt-0. 75 而言，其所对应的无量纲常数 n 小于 1，表明其对苯酚的亲和性较低。然而，gOMt-0. 75 实际上具有最高的碳含量，对疏水性苯酚分子的吸附是有利的。这种不一致主要是由 gBDDA 的特殊分布与构型所导致。在 gOMt-0. 75 中，绝大部分的 gBDDA 分布于蒙脱石外表面，伴随着较多的水化溴离子，其所形成的亲水界面弱化了疏水性苯酚的负载与渗透过程。gOMt-0. 75 对铬酸根吸附时，拟合所得 n 值较大，这也归因于表面分布的水化溴离子与铬酸根轻易地发生了离子交换。gOMt-0. 25 对铬酸根吸附量低，测量误差较大，计算所得部分结果为负值，故未进行拟合分析。当各吸附位点均匀分布于吸附剂表面且吸附能相等，吸附质仅以单层形式被吸附且彼此之间不存在相互作用时，Langmuir 吸附等温线模型则可以用于对实验数据进行拟合。然而，该模型对本章所有体系的数据均难以得到良好的拟合结果，表明所合成的改性蒙脱石对苯酚和铬酸根的吸附不满足 Langmuir 模型的假设。已有报道 Langmuir 模型能够较好地拟合表面活性剂改性黏土矿物对苯酚和铬酸根的吸附结果，本章观察到的不理想拟合结果可能是因为吸附剂的水化导致了与苯酚不均匀的疏水作用，CrO_4^{2-} 和 $HCrO_4^-$ 之间发生竞争吸附。尽管本章未研究改性蒙脱石的再生性能，但是根据已报道的研究可知，乙醇或盐酸可对 gOMt 进行有效再生。

表 3-3 Freundlich 模型对改性蒙脱石吸附苯酚与铬酸根的拟合参数

吸附质	吸附剂	K_F/(mmol/g)(L/mmol)$^{1/n}$	n	R^2
苯酚	gOMt-0. 25	0. 1237	1. 199	0. 9427
	gOMt-0. 75	0. 1040	0. 883	0. 9889
	cOMt-0. 5	0. 1569	1. 096	0. 9935
	cOMt-1. 5	0. 3467	1. 979	0. 9781
铬酸根	gOMt-0. 75	0. 1443	12. 16	0. 8530

3. 3. 3 改性剂溶出

季铵盐改性蒙脱石在污染物吸附过程中常伴随季铵盐的溶出，导致二次污染，而该问题一直没有得到足够的重视。双子季铵盐改性蒙脱石不仅体现在其具有更高的改性剂含量和更优越的吸附性能，其同时也伴随着更少的改性剂溶出，结果如图 3-10 所示。gOMt-0. 75 和 cOMt-1. 5 被选用于对比研究改性剂的溶出特征，因为只有这两种改性蒙脱石中均含有电荷平衡离子配对型季铵盐分子，这类型的改性剂更容易在污染物吸附过程中溶出。虽然 gOMt-0. 75 比 cOMt-1. 5 具有更高的溴离子配对型季铵盐含量（见图 3-1），但是 DTMA 的溶出摩尔浓度是 gBDDA 的近 10 倍。这主要是由于 DTMA 具有更大的溶解度，而且在 cOMt-1. 5 中溴离子配对型 DTMA 是通过弱疏水作用存在；相反，在 gOMt-0. 75 中，溴离子配对型 gBDDA 一端通过静电作用吸附在蒙脱石表面而难以脱附（见图 3-10）。此外，cOMt-1.5 吸附苯酚时 DTMA 的溶出量比吸附铬酸根时多，苯酚分子渗透进入 cOMt-1.5 的疏水性微域使得改性剂发生重构以降低体系熵，最终导致部分 DTMA 被苯酚分子取代而溶出到溶液中。双子季铵盐改性蒙脱石最重要的优点在于可应用于处理出水要求比较高的水体，如去除饮用水中的高氯酸根等。平衡溶液体系中少量的 gBDDA 溶出主要是因为清洗不充分，直接用视觉判断是否清洗完全存在一定误差，需要进一步对合成条件进行优化以彻底消除改性剂的溶出问题。

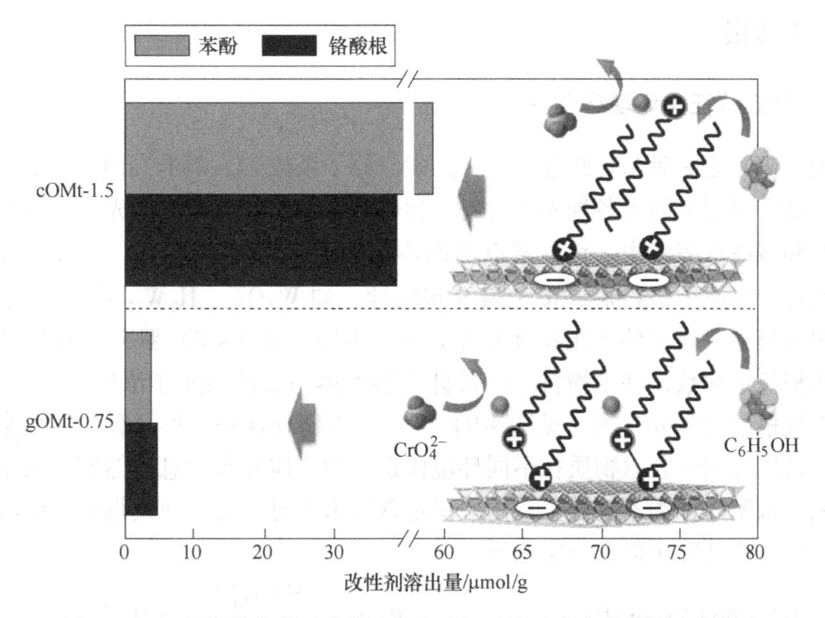

图 3-10 两种改性蒙脱石在苯酚和铬酸根吸附过程中改性剂溶出对比

综上所述，本章从结构、组成，对苯酚和铬酸根吸附性能等几方面，系统地比较了传统季铵盐与双子季铵盐改性蒙脱石的差异。双子季铵盐改性蒙脱石中改性剂较多分布于蒙脱石外表面，且含有更多的电荷平衡离子，有利于铬酸根的离子交换过程，表现出更大的吸附量。此外，相比传统季铵盐，双子季铵盐独特的分子结构有效地抑制了改性剂溶出。

4 烷基链长度对双子季铵盐改性蒙脱石吸附钨酸根的影响特征与机制

4.1 钨酸根

4.1.1 污染特征与环境毒理性

钨（W）是一种ⅥB族过渡金属元素，原子系数74，具有高熔点、高沸点等特性，被广泛用于制备各种先进材料，如硬质合金、灯丝与电子光学器件等。在弱碱性和碱性水溶液中，钨通常以四面体钨酸根（WO_4^{2-}）存在，而在酸性条件下，钨易与氧原子络合形成多种聚合钨酸盐，如 $W_7O_{24}^{6-}$、$H_2W_{12}O_{42}^{10-}$ 等，不同的聚合钨酸根在一定条件下能相互转化。式（4-1）~式（4-8）罗列了各钨酸根型体的累积稳定常数，基于物料守恒可计算各型体与溶液中质子浓度之间的关系，绘制钨酸根的型体分布图（见图4-9）。Visual MINTEQ是一种开源的环境水化学软件，被广泛用于获取物质在不同环境体系下的型体分布信息。然而，其中所包含的钨酸根型体种类不够健全，内嵌稳定常数未及时更新，导致得到的组分信息与前一种方法计算所得有一定差异：

$$H^+ + WO_4^{2-} \longleftrightarrow HWO_4^- \qquad \beta_1 = \frac{[HWO_4^-]}{[H^+][WO_4^{2-}]} = 10^{3.5} \tag{4-1}$$

$$2H^+ + WO_4^{2-} \longleftrightarrow H_2WO_4 \qquad \beta_2 = \frac{[H_2WO_4]}{[H^+]^2[WO_4^{2-}]} = 10^{8.1} \tag{4-2}$$

$$6H^+ + 6WO_4^{2-} \longleftrightarrow W_6O_{21}^{6-} + 3H_2O \qquad \beta_3 = \frac{[W_6O_{21}^{6-}]}{[H^+]^6[WO_4^{2-}]^6} = 10^{49.07} \tag{4-3}$$

$$7H^+ + 6WO_4^{2-} \longleftrightarrow HW_6O_{21}^{6-} + 3H_2O \qquad \beta_4 = \frac{[HW_6O_{21}^{6-}]}{[H^+]^7[WO_4^{2-}]^6} = 10^{56.48} \tag{4-4}$$

$$8H^+ + 7WO_4^{2-} \longleftrightarrow W_7O_{24}^{6-} + 4H_2O \qquad \beta_5 = \frac{[W_7O_{24}^{6-}]}{[H^+]^8[WO_4^{2-}]^7} = 10^{65.19} \tag{4-5}$$

$$9H^+ + 7WO_4^{2-} \longleftrightarrow HW_7O_{24}^{6-} + 4H_2O \qquad \beta_6 = \frac{[HW_7O_{24}^{6-}]}{[H^+]^9[WO_4^{2-}]^7} = 10^{69.96} \tag{4-6}$$

$$14H^+ + 12WO_4^{2-} \longleftrightarrow H_2W_{12}O_{42}^{10-} + 6H_2O \qquad \beta_7 = \frac{[H_2W_{12}O_{42}^{10-}]}{[H^+]^{14}[WO_4^{2-}]^{12}} = 10^{115.38} \tag{4-7}$$

$$18H^+ + 12WO_4^{2-} \longleftrightarrow H_2W_{12}O_{40}^{6-} + 8H_2O \quad \beta_8 = \frac{[H_2W_{12}O_{40}^{6-}]}{[H^+]^{18}[WO_4^{2-}]^{12}} = 10^{135.02} \tag{4-8}$$

钨污染主要源于钨矿采冶及大规模的军事活动，具有显著的区域性特征。钨矿是我国的优势资源产业，储量与产量均居世界第一，主要分布于湖南、江西与河南等地。据统计，2019 年全球钨产量 8.5 万吨，其中中国占 7 万吨，占全球比例接近 82.4%。钨矿的大量开采，废弃钨矿石及冶炼废渣的露天堆放导致钨逐渐向水和土壤环境迁移，对钨矿区周边生态环境造成潜在影响。刘足根等研究发现，江西大余县某钨矿区附近的农用土壤钨浓度显著高于江西土壤背景值，钨矿区产生的高浓度钨污染了附近的农用土壤，导致该地所种植的水稻中富集了一定量的钨。陈明等人也发现，流经赣南典型钨矿区的桃江河在丰水期、平水期和枯水期的表层沉积物中均检测到较高浓度的钨。目前钨主要用于生产各类合金，钨合金生产与加工企业排放的废水、废气等也导致了局部的水体和土壤钨污染。此外，自 1997 年美国环境保护署禁用铅生产弹药以来，从 2000 年开始钨及其聚合物逐渐成为原材料铅的替代品，导致国外的一些射击场等军事训练基地的表层土壤中富集了高浓度的钨。

1997 年发生在美国内华达州法伦的儿童白血病群体事件引起了人们对钨毒理性的关注。近些年，随着相关研究的不断深入，钨合金、钨酸盐与氧化钨等对多种动植物的毒理性被相继揭露，如钨酸盐影响蚯蚓、斑马鱼、蜗牛等的生存与繁殖，导致大鼠肝脏、肾脏以及脾胃受损等；钨合金粉末对大鼠具有神经毒性，甚至影响基因表达。钨对植物的主要毒性特征包括阻碍幼苗发芽、抑制生长代谢，导致植物各部位生物量减少和细胞程序性死亡等，如引起豌豆幼苗液泡塌陷变形，抑制大麦叶片和根系中醛氧化酶的活性等。目前，钨对人体的健康产生影响主要是职业性暴露和环境污染两种方式，前者主要是指从事钨矿开采和钨合金加工等行业的人群，他们长期接触高浓度钨，在生产或使用含钨化合物过程中吸入粉尘；后者主要是指人体饮食钨污染水体与食物，通过食物链等方式进入体内。大量的体外人体细胞实验结果表明，钨合金及钨酸盐对人体的结肠上皮细胞、角质形成细胞、淋巴细胞呈现不同程度的损伤，如转录变化、细胞死亡等。另外，钨酸盐在环境中存在较多形态，不同形态的毒理性也存在差异，研究表明聚合钨酸盐毒性较钨酸根更高。因此，从分子层面阐述钨化合物对人体的内在毒性机制仍将是未来钨毒理性研究的热点与难点。

4.1.2 钨污染水体及土壤修复技术

钨被视为一种新型污染物，其污染体系的修复逐渐受到关注，目前已报道的研究仍较为稀缺。钨酸根污染水体处理包括混凝沉淀和吸附等技术，采用铁盐沉淀，在 pH 值小于 6 时可使得水体残留钨浓度小于 10mg/L；在 pH 值小于 2.15 时，采用赖氨酸能快速沉淀回收水体中高浓度钨酸根。钨具有亲氧性，容易与吸附剂表面的含氧官能团发生络合作用，如铁氧化物、双金属氢氧化物（Layered Double Hydroxides，LDHs）等，其中 LDHs 富集水体中的钨酸根还包括离子交换等作用。然而，著者早期探索研究发现，不同于其他有害阴离子，镁铝型 LDH 煅烧后的产物（LDO）对钨酸根的吸附弱于煅烧前，表明 LDO 在吸附钨酸根重构 LDH 层状结构的过程（也称为记忆效应）受钨酸根的络合影响。近些年季铵盐改性蒙脱石用于分离水体钨酸根已有研究报道，不同于 LDHs，季铵盐改性蒙脱石对钨酸根的吸附主要是通过离子交换，钨酸根在水溶液中的存在形态与各型体的相对含量显著影响吸附效果。

钨污染土壤修复包括电动修复、钝化固持、生物修复等技术。将直流电通过电极施加于受污土壤，钨酸根及其他阴离子随电流迁移至阳极周围富集而被去除。美国 Braida 等人研究了电动技术修复钨污染土壤，并原位稳定 Pb 和 Cu。研究表明，75 天可从 1.7kg 试验土壤（含 1712.1mgW）去除 650mgW，同时利用 TiO_2材料有效地从电解质溶液中回收钨。往受污土壤中添加钝化剂，形成稳定络合物，降低钨的迁移活性和生物有效性。作者课题组所合成的复合改性蒙脱石添加至含钨土壤后，绿豆根茎生长得到促进，幼苗根、茎、叶含钨浓度也显著降低，表明所添加的改性蒙脱石能有效降低钨的生物有效性。钨污染土壤的生物修复是指利用植物、微生物、原生动物等自身的代谢功能，吸收、转化环境中钨，最终实现土壤净化与生态恢复的一种可持续发展技术。土耳其 Erdemir 等人研究发现，灰菊、黄三毛草与万年青三种植物具有良好的钨富集能力，可选用为钨污染场地的修复植被。土壤自身的理化性质对植物摄取钨的影响较大，在弱酸性土壤中钨的活性较低，有效态含量较少，难以被植物吸收；相反，在弱碱性土壤中，去质子化土壤对钨酸根静电排斥，增加钨的迁移活性，提高了生物有效性。此外，土壤中的腐殖酸和微生物等也对土壤钨的活性影响较大，腐殖酸可将六价钨还原，抗钨菌能促进钨从植被根到茎叶转移等。

4.1.3 季铵盐改性蒙脱石吸附钨酸根的研究现状

季铵盐改性蒙脱石对无机阴离子的吸附主要通过离子交换实现，而改性蒙脱石的结构与组成、离子自身理化性质等均影响吸附效果。目前，传统季铵盐改性蒙脱石吸附钨酸根的研究已有报道，波兰 Muir 等人选择了 4 种传统季铵盐用于蒙脱石改性，得到的改性蒙脱石随吸附体系平衡 pH 值的升高对钨酸根的吸附减少，当 pH 值大于 8.0 时所有改性蒙脱石均未观察到对钨酸根的吸附量，与钨酸根在不同 pH 值体系下存在的形态有直接关系。由本书第 3 章研究结果可知，双子季铵盐改性蒙脱石较传统季铵盐改性蒙脱石对污染物的吸附效果更为优越且更加稳定（更低的季铵盐溶出）。因此，本章将继续采用双子季铵盐对蒙脱石进行改性，通过改变双子季铵盐烷基链长度对改性蒙脱石结构进行调控，并在不同温度和 pH 值体系下研究其对钨酸根的吸附特征，以期阐明其中的构效关系。

4.2 双子季铵盐改性蒙脱石的构型调控

季铵盐改性蒙脱石的结构、组成与季铵盐的分子结构、改性剂投加量、蒙脱石自身理化性质等密切相关。双子季铵盐通常具有两条较长的饱和烷基链，其分子较大，插层更加困难，在改性产物中的分布构型也更为复杂。为实现双子季铵盐改性蒙脱石的构型调控，相关学者从多个方面开展了研究。双子季铵盐分子结构的调控主要包括改变烷基链长度、联结基长度与类型等。阿尔及利亚 Taleb 等人采用联结基长度不一的双子季铵盐对蒙脱石进行改性，对比分析了所制得的改性蒙脱石结构特征与热稳定性，结果表明联结基越长，层间距越宽且热稳定越好；而高芒来等人在研究联结基长度影响时却发现，双子季铵盐改性蒙脱石对甲基橙的吸附并未随联结基长度的增加而升高，联结基为 4 个亚甲基时吸附量最高，其次为 8 个亚甲基，联结基为 6 个亚甲基的双子季铵盐改性蒙脱石对甲基橙吸附最不理想。类似地，Ren 等人在研究烷基链长度影响时也发现，只有当层间距、疏水性和层间烷基链堆积密度在适宜水平时才能对污染物有较好的吸附效果，烷基链为 C16 的双子季铵盐要优于 C18 和 C12。蒙脱石自身理化性质对双子季铵盐的构型同样具有显著影响，进而间接影响对污染物的吸附效果。目前，部分研究采用等量双子季铵盐对具有不同 CEC 的蒙脱石进行改性，探究片层电荷密度对改性蒙脱石结构的影响，却忽视了蒙脱石粒径、晶型等影响。高芒来等人为消除不同蒙脱石间的理化差异带来的干扰，采用了 Li^+ 饱和交换联合不同温度煅烧的方法制得一系列具有不同电荷密度的蒙脱石，其研究结果发现，在相同改性条件下，蒙脱石层电荷密度越高，所对应的改性蒙脱石对甲基橙的吸附量越高。邱俊等人在研究蒙脱石电荷密度影响时发现，低电荷密度蒙脱石更易膨胀，有利于季铵盐的插层，使得长链季铵盐的柱撑效果更为显著，并伴随部分烷基链呈倾斜分布。在双子季铵盐改性蒙脱石吸附水体污染物的研究中，大部分报道仅聚焦于分离某一种污染物，多通过调控改性蒙脱石结构来探究构效关系，忽略了吸附质理化性质的影响。在调控蒙脱石结构的同时，改变吸附质的类型或形态，从多角度切入将有助于更为深入、全面地理解内在的构效关系。

4.3 双子季铵盐烷基链长度对改性蒙脱石的影响特征

4.3.1 双子季铵盐改性蒙脱石的合成及钨吸附实验

钙基蒙脱石购于上海泰坦科技股份有限公司，CEC 为 0.911mmol/g，基于 X 射线荧光测定所得组成为 SiO_2 67.06%、Al_2O_3 16.26%、MgO 3.80%、CaO

2.47%、Fe_2O_3 1.94%、K_2O 0.55%、Na_2O 0.23%、MnO 0.05%、P_2O_5 0.03%、SrO 0.03%、ZnO 0.02%、ZrO 0.02%、其他 7.48%。不同链长的双子季铵盐合成采用共溴代反应制得，如第 3 章所示。其他分析纯药剂，包括二水钨酸钠、氯化钛、硫氰化钾、盐酸、氢氧化钠等均购于上海麦克林生化科技有限公司。实验去离子水由成都唐氏康宁科技发展有限公司的 Exceed-Ad-16 纯水仪制备。

2.0g 原始钙基蒙脱石缓慢加入到 100mL 超纯水中并剧烈搅拌分散 30min。虽然前面已经详细阐述了预分散的必要性，考虑双子季铵盐比传统季铵盐分子更大，可能更难以插入蒙脱石层间，本章仍对蒙脱石进行预分散处理。与此同时，将双子季铵盐溶解于 100mL 去离子水中，其中双子季铵盐的摩尔量相当于 1.5 倍的蒙脱石 CEC。向蒙脱石分散液中缓慢加入双子季铵盐溶液并剧烈搅拌 5min，然后将乳白色的混合液转入超声/微波反应器中，设定超声和微波功率分别为 500W 和 450W，改性时间和温度分别为 60min 和 65℃（反应器外部嵌套回流系统以保持反应温度恒定）。所得白色改性蒙脱石清洗三次后于 80℃ 烘箱中干燥 15h，研磨后收集粒径小于 149μm 的颗粒，并命名为 gOMt-*m*（*m* 表示双子季铵盐支链的碳原子数，*m* = 12、14、18），如图 4-1 所示。

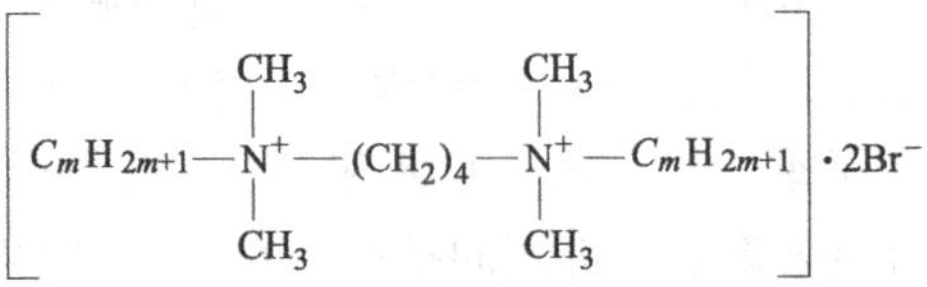

$$\left[C_mH_{2m+1}-\overset{\overset{\displaystyle CH_3}{|}}{\underset{\underset{\displaystyle CH_3}{|}}{N^+}}-(CH_2)_4-\overset{\overset{\displaystyle CH_3}{|}}{\underset{\underset{\displaystyle CH_3}{|}}{N^+}}-C_mH_{2m+1} \right] \cdot 2Br^-$$

图 4-1 不同烷基链长度的双子季铵盐结构示意图

温度和 pH 值对不同链长双子季铵盐改性蒙脱石吸附钨酸根的影响：将 50mg 的 gOMt-*m* 加入至 25 mL 浓度为 1.0mmol/L 的钨酸钠溶液中；探究温度影响时，设定溶液初始 pH 值为 6.0，于 25℃、35℃、45℃ 三个温度下开展吸附实验；类似地，探究 pH 值影响时，设定吸附温度为 25℃，溶液初始 pH 值分别预调节为 4.0、6.0 和 8.0。在预定时刻取样固液分离后，采用硫氰酸盐分光光度法测定溶液中剩余钨的浓度。利用吸附前后溶液中钨的浓度差计算不同时刻改性蒙脱石对钨的吸附量。

4.3.2 结构差异

蒙脱石被用于与聚合物合成复合材料时，通常先经过超声处理促进其层离，以实现在聚合物相中的均匀分散，其中蒙脱石密度和超声功率对层离效果都至关重要。本章采用超声和微波同时调控双子季铵盐在蒙脱石层内外的分布。如 TEM 电镜图所示（见图 4-2），所有的 gOMt-*m* 仍保留清晰可见的层状结构，可能是因为蒙脱石的浓度过高（质量分数约 2.0%）或者超声功率不足。

另外，在微波辐射作用下，双子季铵盐很容易插入到蒙脱石层间并通过静电

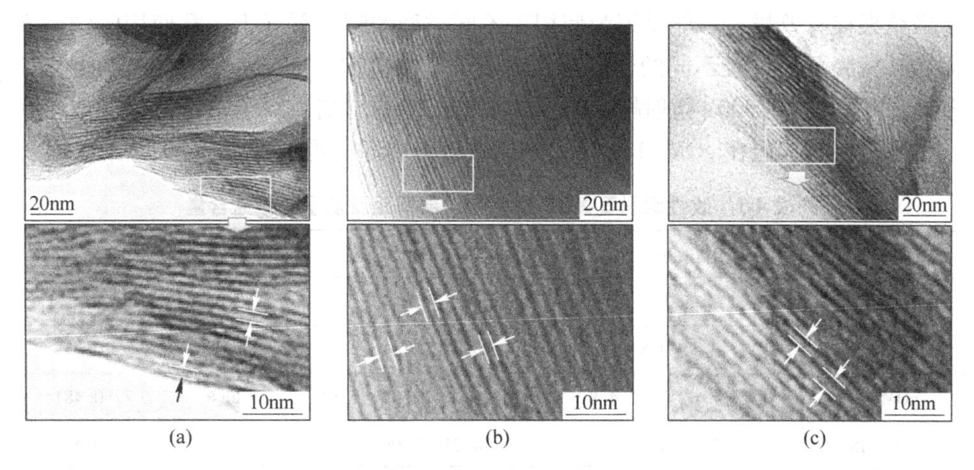

图 4-2 不同烷基链长度双子季铵盐改性蒙脱石的透射电镜图
(a) gOMt-12；(b) gOMt-14；(c) gOMt-18

作用力锚定在内表面。这些层间双子季铵盐的烷基链相互交织，导致相邻蒙脱石片层通过物理或疏水作用紧密地叠在一起，一定程度上解释了蒙脱石在联合改性后仍保留良好的层状结构这一现象。伴随着双子季铵盐的插层过程，蒙脱石层被不同程度地撑开，显现出多种层间距，图 4-3 中的多个 001 衍射峰也证明了这种不均匀的插层作用。对于 gOMt-12，所观察到的两个 001 衍射峰分别对应了 2.52nm 和 1.84nm 的 d_{001} 值（见表 4-1)。该结果与上一章所观察到的单一 001 衍

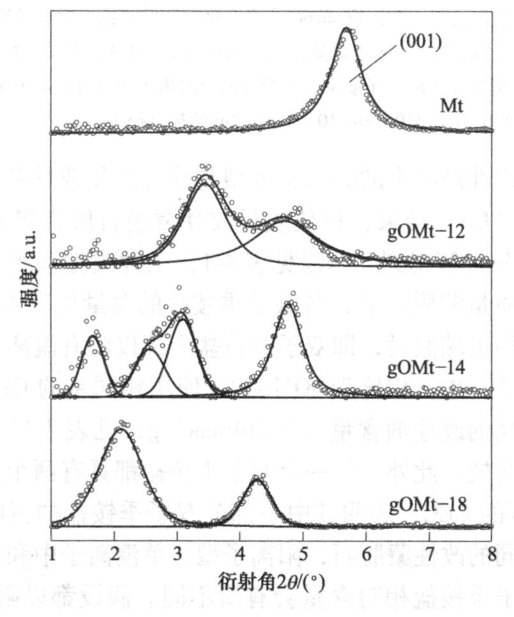

图 4-3 原始蒙脱石和改性蒙脱石 XRD 谱图

射峰结果存有差异，可能是因为使用了不同类型的蒙脱石（上一章使用的蒙脱石为钠基蒙脱石）以及不同的合成条件。双子季铵盐在 gOMt-14 中的分布构型繁杂多样，观察到 4 个 001 衍射峰。随着烷基链长度的增加，双子季铵盐仍能成功插入蒙脱石层间，但在 gOMt-18 样品的 XRD 谱图中却仅观察到两个 001 衍射峰。

表 4-1 改性蒙脱石 XRD 衍射角、层间距及双子季铵盐含量

吸附剂	衍射角 2θ/(°)	d_{001}/nm	f_C/%	X/mmol · g^{-1}
Mt	5.7	1.55	0.08	n. a.
gOMt-12	3.5、4.8	2.52、1.84	17.6	0.458
gOMt-14	1.7、2.6、3.1、4.8	5.20、3.40、2.85、1.84	20.8	0.481
gOMt-18	2.1、4.3	4.21、2.06	24.3	0.460
吸附剂	f_w/%	Y/mmol · g^{-1}Mt	f_1/%	f_2/%
Mt	14.9	—	0.6	0.9
gOMt-12	4.7	0.66~0.73	16.4	10.5
gOMt-14	4.6	0.62~0.70	20.3	9.4
gOMt-18	2.4	0.60~0.68	23.6	13.6

注：1. d_{001} 基于 Bragg 公式计算可得，$n\lambda=2d\sin\theta$。

2. $X=f_C/(M_C\times N_C)$，其中 X(mmol/g) 表示单位质量改性蒙脱石中双子季铵盐含量；f_C(%) 为元素测定所得碳含量；M_C 表示碳相对原子质量，为 12g/mol；N_C 表示单个双子季铵盐分子中碳原子数，分别为 32、36 和 44。

3. $Y=X/(1-X\times M_{Surf.}-f_w)$，其中 Y(mmol/g) 表示单位质量蒙脱石所负载的双子季铵盐量，与 X 所表示的含义不一致；f_w(%) 为水含量，通过 160℃ 以下的热重损失估算可得；$M_{Surf.}$(g/mmol) 表示双子季铵盐相对分（离）子质量，包括含两个溴离子和没有溴离子两种情况。

4. f_1 和 f_2 分别表示在 160~310℃ 和 310~500℃ 之间的热重损失。

双子季铵盐在改性产物中的分布、构型与其自身负载量密切相关。基于改性蒙脱石的元素分析（CS）结果，单位质量改性蒙脱石所含双子季铵盐含量（X, mmol/g）可通过简易计算得到，结果见表 4-1，三种改性蒙脱石的负载量有所区别。均一化成单位质量蒙脱石后，各双子季铵盐的含量见表 4-1 中 Y 所示，大小取值范围对应了两种极端假设，即双子季铵盐全部以没有溴离子和有两个溴离子两种形态负载于蒙脱石中。相比于 gOMt-12，使用相同量的 C12 双子季铵盐改性钠基蒙脱石具有更高的改性剂含量（0.814mmol/g，见表 3-1），可能是因为钙离子较钠离子更难被交换。此外，每一个双子季铵盐都具有两个正电头部，计算所得 $2Y$ 值高于蒙脱石的 CEC，表明其中一部分双子季铵盐的正电头部被溴离子中和。然而，对于不同的改性蒙脱石，阳离子型、单溴离子中和型以及双溴离子中和型三种形态的双子季铵盐相对含量会有所不同。假设都以阳离子型形态存在，即每个双子季铵盐离子的两个正电荷均被蒙脱石所中和，则两个正电荷头部应该分别中和相邻的蒙脱石片层上的负电荷，呈现出双子季铵盐水平双层构型。这与图4-3中观察到4.8°和4.3°两个001衍射峰（分别对应了0.88nm和1.1nm的层间距）的结果相吻合。假设蒙脱石的比表面积为750m^2/g且均匀地发生同晶替代，则可估算其电荷密度约每1.37nm^2分布1个负电荷，该电荷密度不足以使同一个双子季铵盐离子被同一蒙脱石片层的两个相邻负电荷所中和。因此，在更低衍射角出现了001衍射峰，对应了伪三层或倾斜双层构型，则可说明双子季铵盐至少有一个正电头部被溴离子所中和。此外，尽管所合成的改性蒙脱石清洗了三次，但仍会有一部分双溴离子中和型双子季铵盐通过疏水作用存在产物中。不论双子季铵盐以哪一种形态存在，蒙脱石层间均被交织的烷基链紧致填充，堵塞了氮气吸脱附通道，降低了介孔体积和比表面积（见图4-4）。更长烷基链的双子季铵盐对介孔体积和比表面积的降低越加显著。著者早期使用不同烷基链长的传统季铵盐改性蒙脱石也观察到相似的趋势。

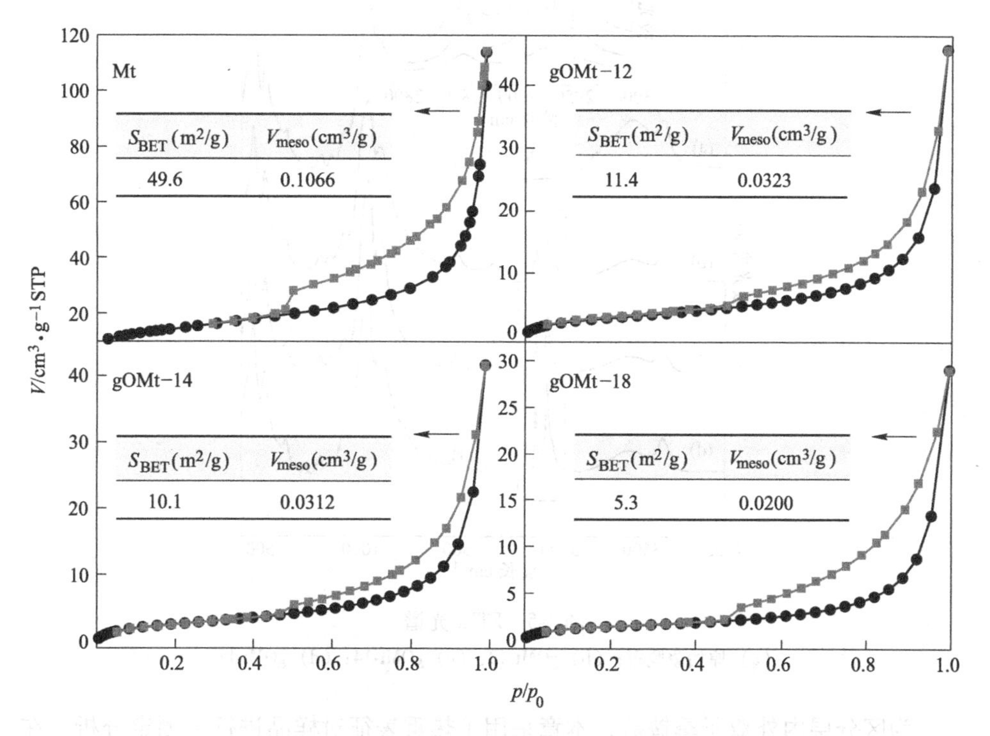

图4-4 原始蒙脱石和改性蒙脱石的N_2吸脱附曲线

为了进一步研究各双子季铵盐在改性蒙脱石中的分布与构型，本章收集了各样品的FTIR光谱，如图4-5所示。在波数3000～2800cm^{-1}范围内，经双子季铵盐改性后观察到明显的亚甲基的反对称与对称伸缩振动（ν_{as}和ν_s），表明改性剂的成功负载。随着烷基链长度的增加，$\nu_{as}(CH_2)$所对应的波数从

2923cm^{-1}逐渐蓝移至 2918cm^{-1}，表明在 gOMt-12 中双子季铵盐分布更为松散且 *trans* 构型的改性剂含量相对更低。表 4-1 中 gOMt-12 中双子季铵盐烷基链最短，双子季铵盐含量更低，与 FTIR 光谱分析所得数据得到的结论一致。在 gOMt-18 中，烷基链紧密地挤压在一起，强化了分子间范德华力的作用和疏水环境，弱化了水化膨胀性能。因此，对于钨酸根和聚合钨酸根而言，层间的部分吸附位点（—$R_4N^+Br^-$）可能难以被利用。相反，gOMt-12 中的烷基链分布相对疏松，降低了钨酸根渗入层间进行吸附的空间位阻。需要说明的是，FTIR 光谱反映的是改性蒙脱石中所有双子季铵盐的构型信息，包含分布于蒙脱石外表面和层间的改性剂。

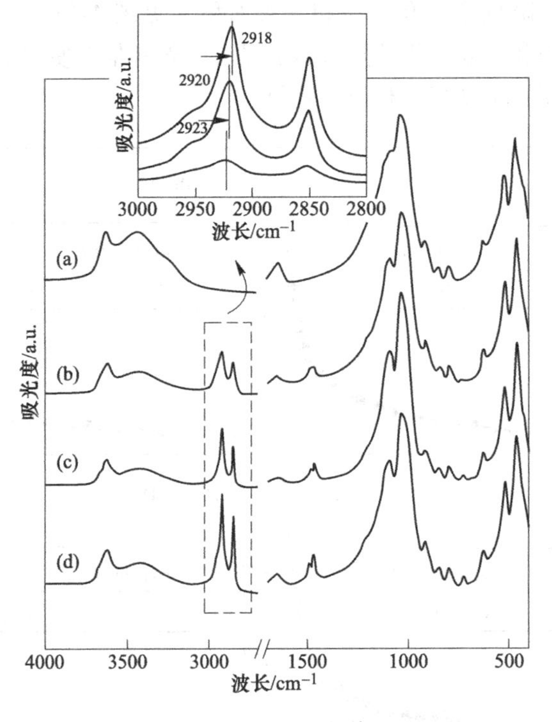

图 4-5 FTIR 光谱

（a）原始蒙脱石；（b）gOMt-12；（c）gOMt-14；（d）gOMt-18

为区分层内外双子季铵盐，本章采用了热重表征对样品进行了测定分析。在图 4-6 中，观察到双子季铵盐分解热重损失分为 160~310℃ 和 310~500℃ 两个阶段，分别对应蒙脱石外表面和层间双子季铵盐的分解，相关数据统计见表 4-1。由统计结果分析可知，更多的双子季铵盐分布于蒙脱石的外表面而非层间（$f_2 < f_1$），这与 TEM 图像中观察到的现象似乎相矛盾。如图 4-2 所示，改性蒙脱石数十层片层整齐堆叠，保持良好的层状结构，具有巨大的层间表面积，则双子季铵盐应主要分布于层间。看似矛盾的热重数据与 TEM 结果可作如下解释：蒙脱石

片层空间位阻较大，大分子双子季铵盐难以大量插层充分利用层间表面积，更多的双子季铵盐仅在有限的外表面紧致分布，形成微胞状胶束。增加烷基链长度导致在蒙脱石外表面分布的双子季铵盐含量升高，但在层间的分布量却没有明显趋势，存在较小的波动。有趣的是，相比另外两种改性蒙脱石，gOMt-14 具有更大的层间距（5.20nm），但是其层间分布双子季铵盐摩尔含量却相对更低，仅为 9.4%，这可能与其复杂的层间构型有关，XRD 谱图可提供佐证。

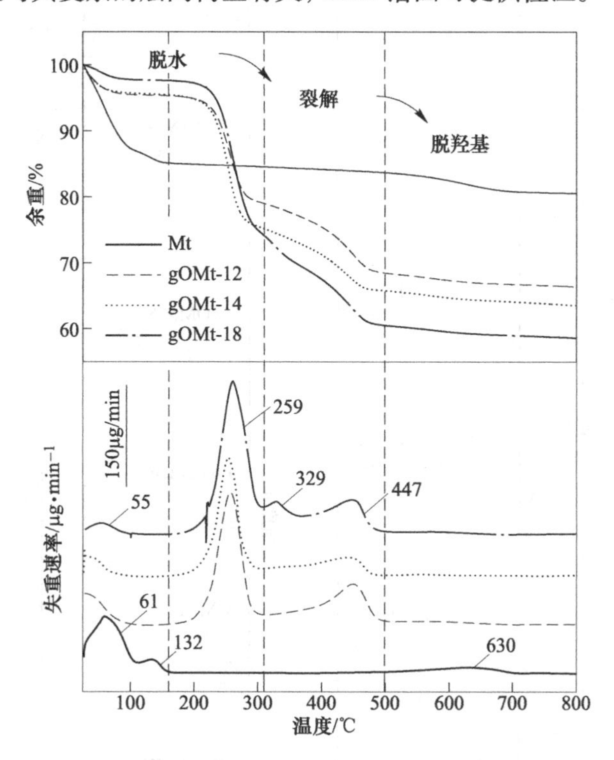

图 4-6 原始蒙脱石和改性蒙脱石的热重曲线

尽管双子季铵盐的烷基链越长，更多的双子季铵盐分布于蒙脱石的外表面。然而，这些分布于外表面的双子季铵盐的构型将影响对污染物的吸附效果，需要对其进行详尽的对比与分析。如图 4-7 所示，C 1s 轨道电子具有两个结合能，分别对应了 C-N（I_1）和 C-C（I_2）两种价态的 C 原子，两种价态 C 原子摩尔比（I_1/I_2）随着烷基链长度增加而减小，表明在 XPS 检测深度范围内 gOMt-18 样品中分布了更多的亚甲基碳或者烷基链。N 1s 电子的 XPS 光谱去卷积后也得到两个峰，对应两种价态的 N 原子。当季铵盐锚定在蒙脱石表面时，会发生电子传递，季铵盐头部 N 原子表现出更低的结合能，E_B约 400.2eV，该价态 N 原子在三种改性蒙脱石所呈现的结合能发生了轻微偏移，可能是不同链长季铵盐与蒙脱石作用的方式差异所导致；而与溴离子静电作用的季铵盐头部中 N 原子结合能更高，约 402eV。对 N 1s 电子轨道而言，I_1/I_2从 0.2 升高至 4.7，表明长链季铵盐改性蒙脱石的外表面分布了相对更多的溴离子中和型季铵盐头部（$-R_4N^+$）。然而，被检测到的 Br 原子浓度在三种改性蒙脱石中却相近，说明在 gOMt-18 中只有少部分的双子季铵盐以阳离子型形态存在，这与 gOMt-12 的情况正好相反。

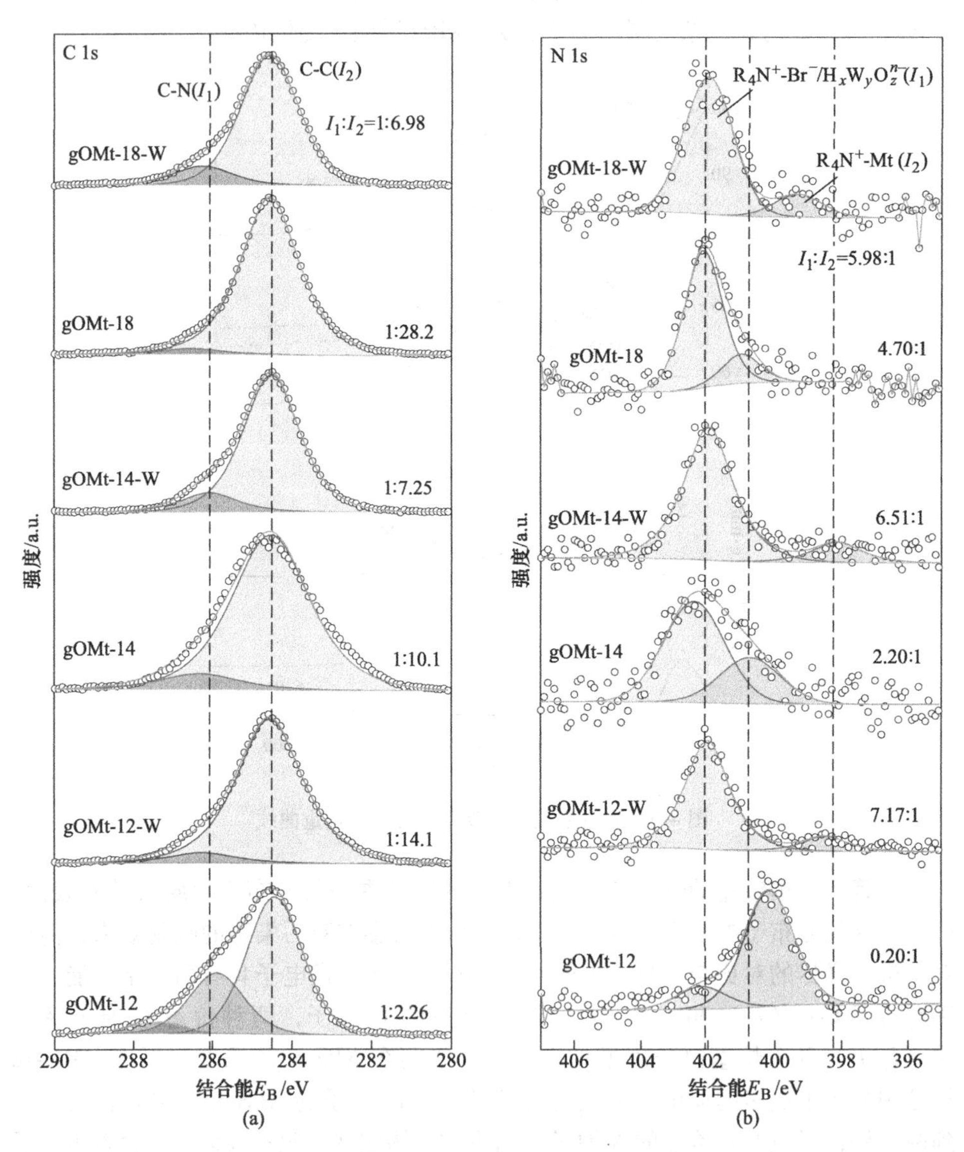

图 4-7 钨吸附前后的三种改性蒙脱石 C 1s 和 N 1s 轨道电子 XPS 能谱

(a) C 1s；(b) N 1s

4.3.3 吸附性能对比

4.3.3.1 温度对三种改性蒙脱石吸附钨的影响

离子活度以及络合物的累积稳定常数都与温度密切相关，在不同的温度体系下钨酸根和聚合钨酸根种类繁多且相对含量不断变化。作者早期研究发现，季铵盐改性蒙脱石对低水合能阴离子具有显著的靶向性，而这些离子的水合能又与它们自身理化性质有关，正比于 z^2/r（z 和 r 分别表示离子的价态和水化半径）。具有更低价态的大聚合钨酸根离子更容易被 gOMt-*m* 选择性吸附。然而，到目前为止由于仍缺乏合适的离子半径计算方法（考虑离子形状各异，没有合适的简化模型），定量计算和对比改性蒙脱石对不同的聚合钨酸根离子的选择性难以实现。比如 $W_7O_{24}^{6-}$ 和 $H_2W_{12}O_{42}^{10-}$ 聚合离子，它们分别具有 C_{2v} 和 C_1 结构，大小为 $9.3\times10^{-10}m\times4.6\times10^{-10}m\times7.7\times10^{-10}m$ 和 $11.5\times10^{-10}m\times8.5\times10^{-10}m\times7.5\times10^{-10}m$。通常而言，更低温度有利于络合过程的进行，形成具有低水合能的大聚合离子，从而解释随着温度升高，改性蒙脱石对钨的吸附呈现肉眼可见的下跌，如图 4-8 所示。

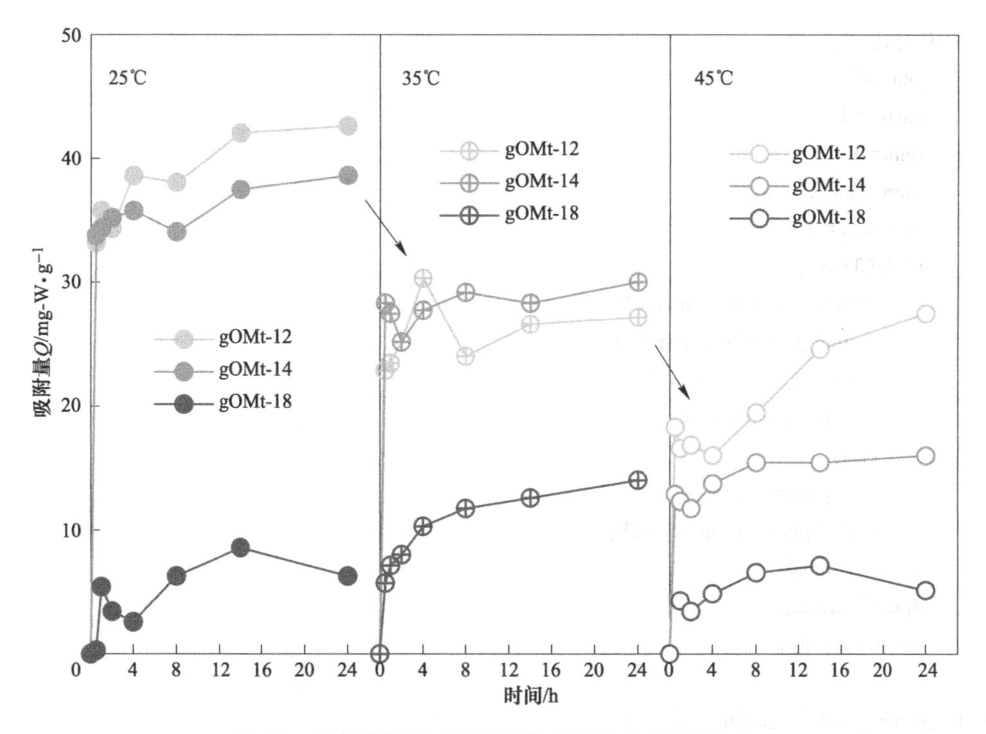

图 4-8 改性蒙脱石在不同温度下对钨的吸附动力学

为探索温度影响，钨溶液初始 pH 值和浓度分别设定为 6.0 和 1.0mmol/L。

在25℃条件下，基于张贵清等人报道的聚合反应与络合稳定常数，利用如下所示的Python编程可得钨的各种型体与溶液pH值之间的关系，绘制后如图4-9（a）所示。以下代码仅针对钨浓度为0.001mol/L体系，程序运行后可得到WO_4^{2-}的分布分数（y）随溶液pH值（x）的变化数据：

```
import os
import numpy as np
import matplotlib.pyplot as plt


def fun(x,y):
    res =-0.001+y+y*pow(10,3.5-x)+y*pow(10,8.1-2*x)+7*pow(y,7)*pow(10,65.19-8*x)+6*pow(y,6)*pow(10,49.07-6*x)+6*pow(y,6)*pow(10,56.48-7*x)+7*pow(y,7)*pow(10,69.96-9*x)+12*pow(y,12)*pow(10,115.38-14*x)+12*pow(y,12)*pow(10,135.02-18*x)

    return res


def Get_y(x):
    ymin=0
    ymax =1
    rmin=fun(x,ymin)
    rmax=fun(x,ymax)
    current_y=0
    while(True):
        current_y=(ymin+ymax)/2
        current_r=fun(x,current_y)
        if current_r * rmax > 0 :
            ymax=current_y
        else:
            ymin=current_y
        if abs(ymax - ymin)<1e-18:
            break
    #print(current_y)
    return current_y


if __name__ == "__main__":
    xlist=np.arange(1,10,0.1)
    ylist=[]
    csvstr=''
```

```
for x0 in xlist:
    y=Get_y(x0)/0.001
    ylist.append(y)
    print(x0,y)
    csvstr=csvstr+str(x0)+','+str(y)+'\n'
with open('data.csv','w')  as f:
     f.write(csvstr)
plt.xlabel("pH")
plt.ylabel("Mole Fraction")
plt.plot(xlist,ylist)
     plt.show()
```

类似地，其他钨酸盐型体的分布分数也可通过以上方法获得，但关系函数需要进行对应修改。

对于 HWO_4^-，y=Get_y(x0) * pow(10,3.5-x0)/0.001；

对于 H_2WO_4，y=Get_y(x0) * pow(10,8.1-2 * x0)/0.001；

对于 $W_6O_{21}^{6-}$，y=pow(Get_y(x0),6) * pow(10,49.07-6 * x0) * 6/0.001；

对于 $HW_6O_{21}^{5-}$，y=pow(Get_y(x0),6) * pow(10,56.48-7 * x0) * 6/0.001；

对于 $W_7O_{24}^{6-}$，y=pow(Get_y(x0),7) * pow(10,65.19-8 * x0) * 7/0.001；

对于 $HW_7O_{24}^{6-}$，y=pow(Get_y(x0),7) * pow(10,69.96-9 * x0) * 7/0.001；

对于 $H_2W_{12}O_{40}^{6-}$，y = pow(Get_y(x0), 12) * pow(10, 135.02-18 * x0) * 12/0.001；

对于 $H_2W_{12}O_{42}^{10-}$，y = pow(Get_y(x0), 12) * pow(10, 115.38-14 * x0) * 12/0.001。

从钨酸根单体向聚合物钨酸根转变较为耗时，需要经历特定的转化过程。在实验开展的24h内，钨酸根单体部分发生聚合并通过静电作用被改性蒙脱石所吸附。因此，除了改性蒙脱石自身难以预测的水化膨胀外，钨酸根复杂的聚合动力学也可能导致改性蒙脱石对钨的吸附呈现一定的波动性。对于35℃与45℃体系，类似的解释仍适用。在这两个温度下，由于缺乏相应的络合稳定常数，钨的分布分数图难以绘制。

4.3.3.2 pH值对三种改性蒙脱石吸附钨的影响

钨酸根单体的质子化对其聚合反应至关重要，从而间接影响钨在黏土矿物表面的吸附特征。蒙脱石的零电点（pH_{PZC}）值约为2.5，在中性和碱性条件下，原始蒙脱石表面呈负电性，对钨酸根单体及聚合钨酸根静电排斥。然而，当钨初始浓度为40μmol/L时，pH值从4升高至8，仍观察到原始蒙脱石对钨有少量吸附，从1.14mg/g降低至0.24mg/g，说明发生了表面络合过程。在初始pH值为

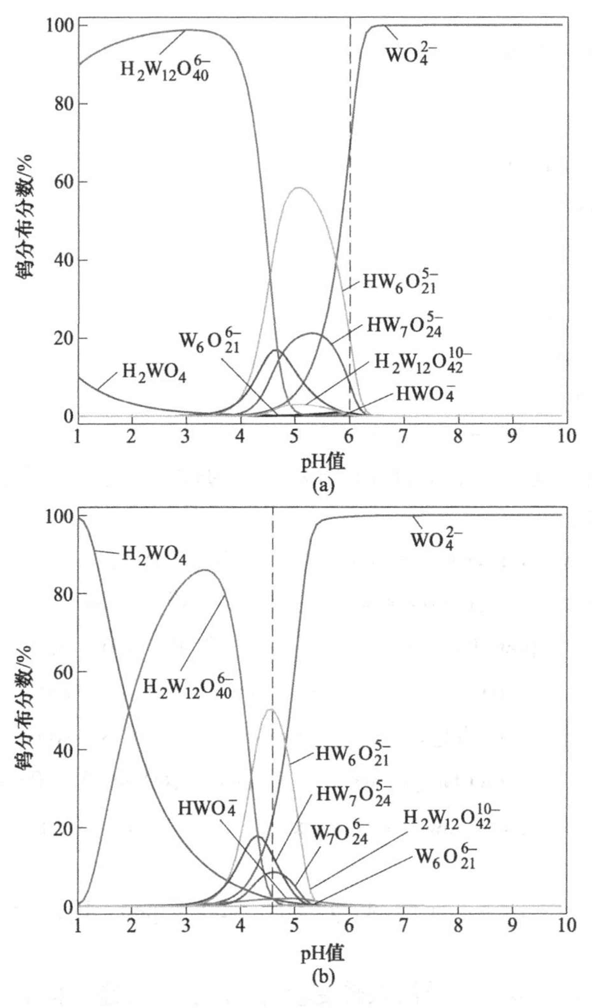

图 4-9 钨的分布分数图（$t=25℃$）

(a) [W]$_{总}$=1.0mmol/L；(b) [W]$_{总}$=50μmol/L

4.0 时，改性蒙脱石 gOMt-12 对钨的吸附约 100mg/g，是原始蒙脱石的 85 倍，表明其中通过络合吸附在蒙脱石表面的那部分钨可以忽略不计（见图 4-10）。不同初始 pH 值条件下，平衡后体系 pH 值见表 4-2。当体系初始 pH 值为 6.0 或 8.0 时，无论采用哪一种改性蒙脱石，吸附平衡后 pH 值在 6.9~7.3 小范围内波动，表明这些体系中钨均主要以钨酸根单体存在（见图 4-9）。对于 gOMt-12 和 gOMt-14，它们在 pH 值为 6.0 时对钨的吸附量高于 pH 值为 8.0 的体系，可能是因为在初始 pH 值为 6.0 体系中有一部分聚合钨酸根在初始阶段就已经被吸附固定，而在初始 pH 值为 8.0 的体系中钨一直以钨酸根单体的形式存在直至平衡。相反，在初始 pH 值为 4.0 的体系中，钨酸根发生聚合并表现出明显更高的吸附量（见

图 4-10)，表明聚合钨酸根更容易被改性蒙脱石所富集。以 gOMt-12 为例，在初始 pH 值为 4.0 的条件下，其平衡时 pH 值约 4.6、钨浓度约 50μmol/L。在这种平衡体系下，$HW_6O_{21}^{5-}$为主要钨型体（见图 4-9（b）），钨的吸附量高达 100mg/g。这一结果间接地说明了钨在施有含阳离子表面活性剂农药的土壤中迁移性可能会显著下降。

表 4-2 改性蒙脱石在不同初始 pH 值体系下钨吸附平衡后的 pH 值变化

初始 pH 值	平衡 pH 值		
	gOMt-12	gOMt-14	gOMt-18
4.0	4.68 ± 0.06	4.56 ± 0.16	4.67 ± 0.12
6.0	6.90 ± 0.15	7.09 ± 0.03	6.90 ± 0.03
8.0	7.30 ± 0.06	7.21 ± 0.04	7.28 ± 0.08

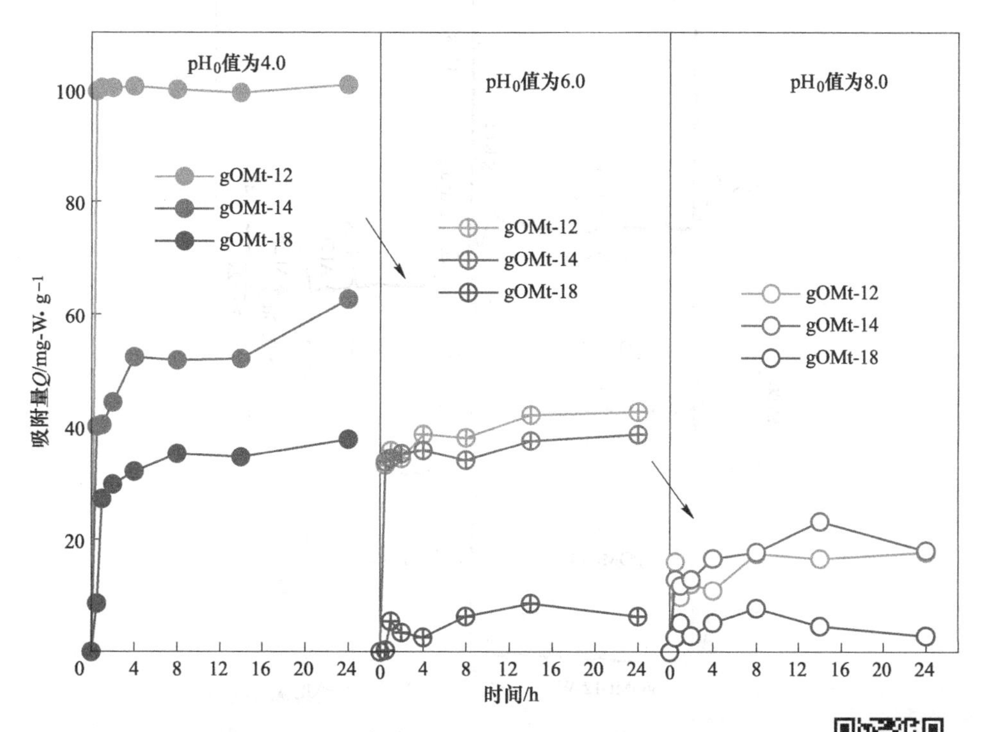

图 4-10 改性蒙脱石在不同 pH 值下对钨的吸附动力学

扫一扫
看更清楚

4.3.4 吸附机制分析

如图 4-11 所示，当初始 pH 值为 4.0，对比在 25℃ 条件下吸附钨的各改性蒙脱石的 XPS 全扫描结果可以发现，Br 3d 轨道电子峰在吸附钨酸根后消失，同时钨多个轨道电子峰被检测到，与广为接受的离子交换机制相吻合，即电荷平衡离子溴离子与阴离子污染物发生离子交换。为了更系统地进行对比，表 4-3 归纳了改性蒙脱石吸附前后的各原子浓度比值。有趣的是，从 C 与 N 原子浓度分析，相比于钨吸附前，gOMt-14 与 gOMt-18 在钨吸附后均观察到大量的双子季铵盐分布于蒙脱石外表面，说明双子季铵盐的钨吸附过程中发生了重构。相反，对于 gOMt-12 而言，表面 C、N 原子浓度在吸附前后没有发生显著变化。虽然改性蒙脱石在钨吸附后的全扫描中未发现 Br，然而在长链季铵盐改性蒙脱石的高分辨率扫描中仍检测到低浓度 Br，表明表面分布的 Br 离子仅部分与钨酸根离子发生了交换，这种离子交换过程在 gOMt-18 样品中更难发生，从而导致钨吸附量降低。

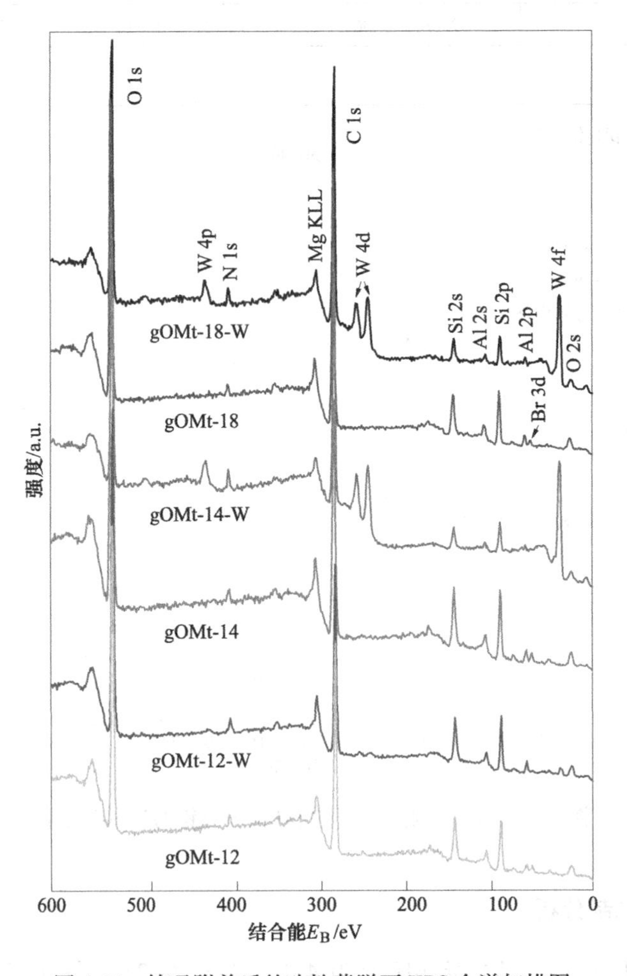

图 4-11 钨吸附前后的改性蒙脱石 XPS 全谱扫描图

表 4-3 改性蒙脱石在钨吸附前后的结合能、半峰宽（FWHM）及原子浓度比

样品	轨道	C 1s		N 1s		O 1s		Br $3d_{5/2}$	Br $3d_{3/2}$
	类型	C—C	C—N	$R_4N^+\cdots Mt$	$R_4N^+\cdots Br^-$	Al/Si—O	H_2O	Br^-	Br^-
gOMt-12	结合能 E_B/eV	284. 6	286. 1	400. 2	402. 2	531. 2	533. 0	67. 2	68. 5
	半峰宽/eV	1. 6	1. 6	1. 7	1. 7	2. 2	2. 2	1. 6	1. 6
	面积 I	29217. 1	12938. 0	2316. 3	452. 9	59966. 2	8695. 5	763. 4	511. 5
	原子浓度分数/%	2. 5	1. 1	0. 12	0. 023	1. 8	0. 26	0. 024	0. 016
gOMt-14	结合能 E_B/eV	284. 6	286. 4	400. 7	402. 4	530. 9	n. a.	66. 8	68. 1
	半峰宽/eV	2. 3	2. 3	2. 1	2. 1	3. 1	n. a.	1. 8	1. 8
	面积 I	39303. 6	3907. 4	825. 4	1819. 2	71323. 1	0. 0	850. 4	569. 7
	原子浓度分数/%	3. 2	0. 32	0. 040	0. 089	2. 02	0. 0	0. 026	0. 017
gOMt-18	结合能 E_B/eV	284. 6	286. 5	401. 0	402. 1	530. 9	n. a.	67. 6	68. 7
	半峰宽/eV	1. 7	1. 7	1. 3	1. 3	2. 2	n. a.	1. 7	1. 7
	面积 I	67575. 0	2392. 4	547. 3	2570. 2	93179. 9	0. 0	1000. 6	670. 4
	原子浓度分数/%	4. 4	0. 16	0. 021	0. 10	2. 1	0. 0	0. 024	0. 016

续表 4-3

样品	轨道	C 1s		N 1s		O 1s		Br $3d_{5/2}$	Br $3d_{3/2}$	W $4f_{7/2}$	W $4f_{5/2}$
	类型	C—C	C—N	$R_4N^+\cdots Mt$	$R_4N^+\cdots H_xW_yO_z^{n-}/Br^-$	W—O	Al/Si—O	Br^-	Br^-	W（Ⅵ）	W（Ⅵ）
gOMt-12-W	结合能 E_B/eV	284.6	286.3	398.5	402.0	529.6	531.3	66.6	67.9	35.3	37.4
	半峰宽/eV	2.0	2.0	1.6	1.6	2.2	2.2	2.4	2.4	1.9	1.9
	面积 I	58743.8	4173.9	516.7	3705.5	15763.2	94577.3	517.9	347.0	1492.6	1119.4
	原子浓度分数/%	3.3	0.23	0.017	0.12	0.31	1.84	0.011	0.0071	0.0076	0.0057
gOMt-14-W	结合能 E_B/eV	284.6	286.2	398.2	402.0	530.4	531.6	67.2	68.5	35.5	37.6
	半峰宽/eV	1.6	1.6	1.7	1.7	1.9	1.9	1.0	1.0	1.6	1.6
	面积 I	66427.2	9165.5	882.1	5743.0	57501.0	32842.6	318.4	213.4	27742.8	20807.1
	原子浓度分数/%	7.3	1.0	0.058	0.38	2.2	1.3	0.013	0.0086	0.28	0.21
gOMt-18-W	结合能 E_B/eV	284.6	286.2	399.3	402.0	530.4	531.5	66.8	68.1	35.5	37.7
	半峰宽/eV	1.7	1.7	1.7	1.7	1.9	1.9	2.4	2.4	1.8	1.8
	面积 I	54117.0	7746.7	559.1	3345.4	44345.6	25611.8	325.1	243.8	17061.9	12796.4
	原子浓度分数/%	7.1	1.0	0.044	0.26	2.0	1.2	0.016	0.012	0.20	0.15

①原子浓度分数（%）$=n_i/n_{Si}=(I_i/S_i)/(I_{Si}/S_{Si})$，其中 S_i 为特定轨道电子的敏感系数（$S_{C\,1s}=1.0$、$S_{N\,1s}=1.676$、$S_{O\,1s}=2.881$、$S_{Si\,2p}=0.9$、$S_{Br\,3d}=2.729$、$S_{W\,4f}=11.059$）。

改性蒙脱石中钨吸附位点的可达性受到双子季铵盐的分布、构型的影响。相比于 gOMt-14 和 gOMt-18，gOMt-12 对钨的吸附量最大但 XPS 谱检测估算的钨浓度最低，说明在该改性蒙脱石中钨的吸附更多是发生在蒙脱石的层间而非外表面。相反，XPS 高分辨扫描发现，gOMt-14-W 和 gOMt-18-W 中的 Br 和 W 原子浓度相对较高，表明钨酸根主要吸附在外表面，钨吸附部分归因于离子交换过程。低水合能的大聚合钨酸根离子可能使得原本锚定于蒙脱石表面的双子季铵盐发生脱附，并与之静电中和后通过疏水作用仍被截留在改性蒙脱石中（见图 4-12），导致钨吸附后两种价态 N 原子的浓度比（I_1/I_2）升高。这种变化在 gOMt-12 中更为明显，主要是因为双子季铵盐的分布更为松散，这种脱附再吸附过程更容易进行。另外，双子季铵盐这种松散的构型更有利于钨酸根离子深入蒙脱石层间与溴离子发生交换，从而导致在 gOMt-12-W 中被检测到的 Br 原子浓度较低。

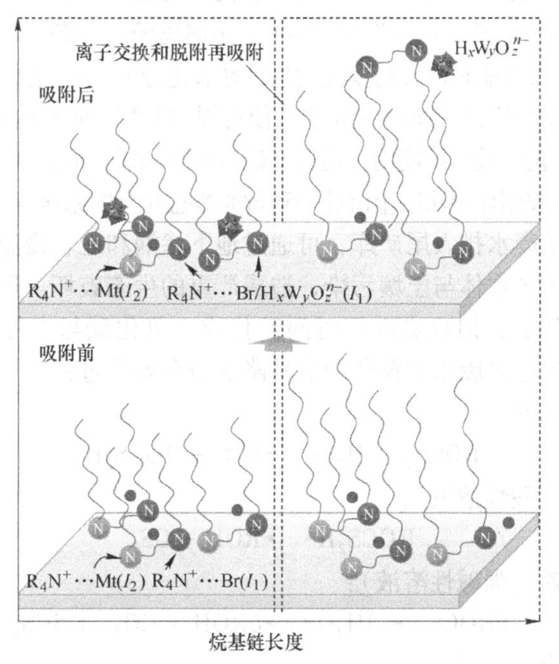

图 4-12 改性蒙脱石对钨吸附的机理示意图

扫一扫
看更清楚

综上所述，烷基链更长的双子季铵盐改性蒙脱石导致其在蒙脱石层间和外表面的分布、构型更为紧致，极大地降低了比表面积。温度与 pH 值均将影响钨酸根的水溶液化学性质，增加温度和 pH 值降低改性蒙脱石对钨的吸附量。在初始 pH 值为 4.0、吸附温度为 25℃时，gOMt-12 对钨的吸附量最高，约 100mg/g。长链双子季铵盐改性蒙脱石中的电荷平衡溴离子被钨酸根离子交换比率更低，也更难进行脱附再吸附过程。在钨吸附过程中，改性蒙脱石能够通过改变双子季铵盐分布与构型进行自洽，实现对钨的有效吸附。

5 双子季铵盐改性蒙脱石对黄药的高效分离特征与机制

5.1 黄药

5.1.1 污染特征与环境毒理性

黄药又称为黄原酸盐，化学名为羟基二硫代碳酸盐，通式为ROCSSM，其中R表示碳原子数为1~8的烷基，M常为K^+或Na^+等金属离子，由英国化学家Keller通过醇类、碱及二硫化碳反应制得。黄药呈浅黄色、易氧化分解，有刺激性气味，嗅觉阈值为0.005mg/L，因此低浓度的黄药废水也会使得周边空气有刺鼻的异味。黄药在有色金属硫化矿浮选工艺中被广泛使用，是目前最为有效的捕收剂，其中丁基黄药最为常用。此外，黄药也被用作湿法冶金沉淀剂和黄原酸盐配合物原料等。

黄药随着选矿废水排入尾矿库，可通过地下渗漏和地表径流等过程进入矿山周边环境，导致矿区水体与土壤污染，造成严重的生态破坏。虽然黄药在暴晒条件下能发生自然降解，但也难以短时间矿化成二氧化碳与水等简单的无害无机物，赵永红等认为选矿废水中黄药的自然降解包含如下过程：

黄药离子的水解：

$$ROCS_2^- + H_2O \longleftrightarrow OH^- + ROCS_2H \tag{5-1}$$

黄原酸分解（酸性溶液）：

$$ROCS_2H \longleftrightarrow ROH + CS_2 \tag{5-2}$$

黄药离子水解（强碱性溶液）：

$$6ROCS_2^- + 3H_2O \longleftrightarrow 6ROH + CO_3^{2-} + 5CS_2 + 2S^{2-} \tag{5-3}$$

氧化为双黄药

$$2ROCS_2^- + 1/2O_2 + H_2O \longleftrightarrow (ROCS_2)_2 + 2OH^- \tag{5-4}$$

氧化为单硫代碳酸根：

$$ROCS_2^- + 1/2O_2 \longleftrightarrow ROCOS^- + S \tag{5-5}$$

黄药与空气接触生成醇：

$$ROCS_2^- + CO_2 + H_2O \longleftrightarrow ROH + HCO_3^- + CS_2 \tag{5-6}$$

以上降解过程的产物包括CS_2、ROH、S、ROCOS等，易造成硫污染，不可直接排入环境。环境中黄原酸盐属于中高毒污染物，对生物的神经系统、造血系统和肝脏等器官均有损害，甚至在较低浓度下（5mg/L）即可造成大部分鱼类死亡。当黄药浓度为2~10mg/L时，水体中的浮游藻类叶绿素含量及浮游生物数量明显降低；日本Okibe等人发现黄药对硫化矿氧化菌*Leptospirillum* MT6及*Ferroplasma* MT17均具有高毒性，不利于生物浸矿。目前，我国地表水中黄原酸盐的最高容许浓度为0.005mg/L。

5.1.2 矿冶废水黄药处理技术

含黄药的浮选废水直接排入环境体系将造成巨大生态风险。近些年，随着采冶行业的绿色发展，大量选矿废水被循环使用，其中残留的黄药通过络合、自降解等作用以多种形态存在，降低矿物的分选能力，导致品位下降。因此，在废水循环过程中嵌入黄药去除工艺十分必要。目前已报道的黄药去除方法包括化学沉淀法、氧化法、酸化、离子交换、生物法与吸附法等，其中化学沉淀法成本较高且引入了金属离子；氧化法与酸化法虽然处理效果十分显著，但仅仅是将黄药转化成了其他组分，未从溶液中彻底分离，引入的新组分可能对后续的浮选效果产生影响；离子交换法处理量小，离子交换树脂成本较高，不适用于连续大量的选矿废水处理；生物法仍处于实验室研究阶段，未见工程示范与应用；吸附法效率高、能快速从水体中靶向性分离黄药，已报道的黄药吸附剂包括大孔树脂、活性炭、氧化石墨烯、锆柱撑蒙脱石、季铵盐改性蒙脱石等。然而，这些报道中均仅针对黄药单一体系开展吸附研究。实际上，选矿废水中与黄药共存的组分众多，如何有选择性地分离水体中的黄药是吸附剂设计所需关注的要点。

5.1.3 季铵盐改性蒙脱石对黄药的吸附研究现状

蒙脱石价格低廉，合成季铵盐改性蒙脱石过程简单，已有少量研究报道了季铵盐改性蒙脱石对黄药的吸附特征与机制，取得了良好的结果。张建乐等按质量1∶1复配了铜基膨润土与十六烷基三甲基铵改性膨润土的混合吸附剂，该混合吸附剂在2min内对丁基黄药的去除率达到99.8%。其中铜基膨润土中的铜离子直接吸附水溶液中的黄原酸根，同时催化黄原酸根向双黄药的转变；有机改性膨润土则对黄药及催化产物黄原酸亚铜和双黄药均有吸附作用。铜基膨润土对黄原酸根离子的选择性较强，而有机土对黄药的饱和吸附量较高。二者的吸附速度均较快，适宜的pH值范围为自然pH值。两种改性膨润土的联用产生了良好的协同效应，显著提高对黄药的去除能力。王勇等对比了溴化十六烷基三甲基铵和氯化十六烷基吡啶改性的天然膨润土对黄药的吸附效果，前者对黄药的去除效果更好，当丁基黄药浓度40mg/L、吸附时间6h、吸附剂用量8g/L、反应温度40℃时，去除率达89.85%。基于季铵盐改性蒙脱石的理化性质，其对黄药的吸附将主要通过离子交换与疏水作用。因此，黄药自身分子结构以及改性蒙脱石特性均将影响吸附性能，双子季铵盐改性蒙脱石对黄药的吸附特征与机制尚未见报道。

5.2 改性蒙脱石的合成及其对黄药吸附实验

5.2.1 蒙脱石的改性

本章所介绍的三种黄药分别为乙基黄药、异丁基黄药和异戊基黄药，其分子结构见表 5-1，采用的蒙脱石、双子季铵盐与第 4 章一致，但重点关注双子季铵盐使用量对改性蒙脱石结构与性能的影响。基于第 4 章的结果可知，烷基链碳原子数为 12 时吸附效果较好，因此本章仅采用该双子季铵盐用于蒙脱石改性。改性方法与前几章类似，采用了超声与微波联用的改性方式，但功率和双子季铵盐使用量有所差异，本章采用的超声及微波功率均设置为 350W，双子季铵盐使用量分别为 0.5 倍和 1.0 倍于蒙脱石 CEC，所得改性蒙脱石分别命名为 gOMt-0.5 与 gOMt-1.0。另外，为了对比其他类似的改性蒙脱石对黄药的吸附性能，十六烷基三甲基氯化铵（HDTMA）与十六烷基氯化吡啶（HDP）也被用于改性同一蒙脱石，这两种传统季铵盐的使用量分别为 1.0 倍和 2.0 倍于蒙脱石 CEC，所得改性蒙脱石分别命名为 $cOMt_{HDTMA}$-1.0、$cOMt_{HDTMA}$-2.0、$cOMt_{HDP}$-1.0 和 $cOMt_{HDP}$-2.0。

表 5-1 三种黄药的分子式及其结构

名称	缩写	分子结构	分子式
乙基黄药	EX	$H_3C-CH_2-O-C(=S)-S^-$	$C_3H_5OS_2^-$
异丁基黄药	IBX	$H_3C-CH(CH_3)-CH_2-O-C(=S)-S^-$	$C_5H_9OS_2^-$
异戊基黄药	IAX	$H_3C-CH(CH_3)-CH_2-CH_2-O-C(=S)-S^-$	$C_6H_{11}OS_2^-$

5.2.2 黄药吸附实验

10mg 的 gOMt 加入 25mL 黄药溶液中，在室温、200r/min 条件下振荡吸附。吸附动力学实验中，鉴于工程应用中尾水黄药浓度，将模拟水体黄药浓度设定为 33.3mg/L；为获取两种改性蒙脱石对各黄药的最大吸附量，黄药的初始浓度设定为 25~130mg/L 之间。在硫化矿浮选溶液中，硫酸根是一种主要的、与黄药共存的阴离子（见图 5-1）。因此，硫酸根作为共存离子被加入模拟的黄药溶液中，探究 gOMt 对黄药的选择性。采用分光光度法测定溶液中的黄药浓度，参考其他文献将吸收波长选定为 301nm。考虑到黄药自身的降解特性，所有的吸附实验都设计了对照组，通过扣除对照组降低的黄药浓度来计算改性蒙脱石对黄药的吸附量。黄药的去除率（R,%）为吸附前后浓度差与初始浓度比值。

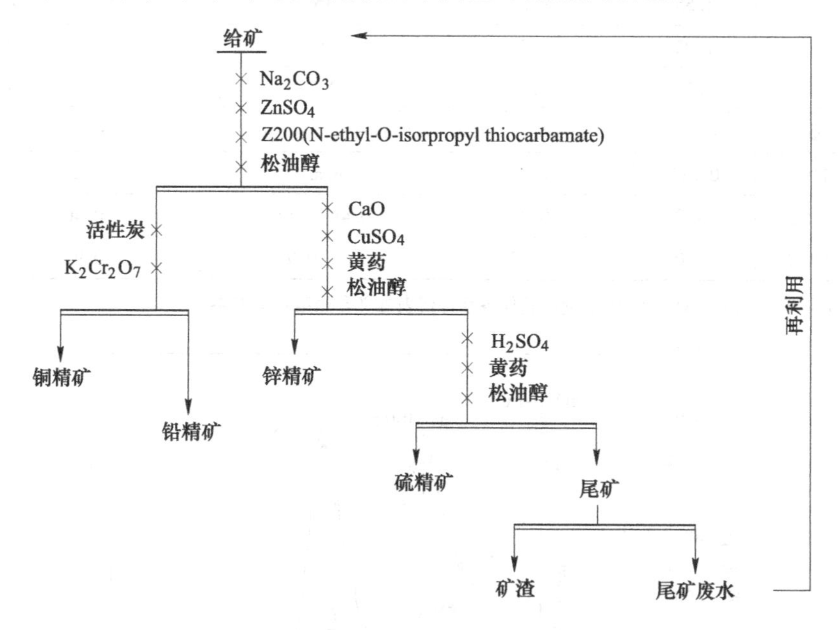

图 5-1 硫化矿浮选工艺流程图

5.3 双子季铵盐添加量对改性蒙脱石的结构与性能影响

5.3.1 双子季铵盐改性蒙脱石的结构特征

未改性蒙脱石 d_{001} 为 1.55nm，属于典型的钙基蒙脱石，经 0.5 倍和 1.0 倍 CEC 的 gBDDA 改性后蒙脱石 d_{001} 分别为 1.92nm 和 2.59nm（见表 5-2）。第 3 章中经 0.25 倍和 0.75 倍 CEC 的 gBDDA 改性的钠基蒙脱石 d_{001} 分别 1.42nm 和 2.22nm。综合分析可知，随着双子季铵盐投加量的增加，蒙脱石层间距逐步增大，且受蒙脱石类型的影响较弱。随着季铵盐浓度的升高，固液浓度梯度增大，更多的季铵盐插层进入蒙脱石层间。在初始阶段，季铵盐通过静电中和锚定在蒙脱石表面，形成水平单层结构。随后，通过烷基链间的范德华力或疏水性作用，更多的季铵盐相继被引入层间，在有限的层间域内水平单层构型难以容纳这些季铵盐，从而衍生出水平双层、伪三层或倾斜单双层等更为复杂的构型，并伴随着层间距的进一步扩张。结合图 3-2 中 gBDDA 的尺寸和图 5-2 的 XRD 衍射谱可知，

gBDDA 在 gOMt-0.5 中以水平单层或双层的构型存在，而在 gOMt-1.0 中则构型较为复杂多样，需要借助分子动力学模拟等技术获取更为直观的构型信息。

表 5-2 各样品的 d_{001}、ν_{as} 波数、水含量及 gBDDA 含量

样品	d_{001}/nm	$\nu_{as}(-CH_2)/cm^{-1}$	f_w/%	f_1/%	f_2/%
Mt	1.55	n. a.	15	n. a.	n. a.
gOMt-0.5	1.92	2926	5	10.2	9.8
gOMt-1.0	2.59	2922	3.7	23.4	9.9
样品	f_C/%	$X/mmol \cdot g^{-1}$gOMt	$Y/mmol \cdot g^{-1}$Mt	Z①$/mmol \cdot g^{-1}$Mt	
Mt	0.082	n. a.	n. a.	n. a.	
gOMt-0.5	14.2	0.37	0.48-0.52	0.46	
gOMt-1.0	21.0	0.55	0.81-0.90	0.91	

①表示初始投加的 gBDDA 摩尔量。其他各字母代表含义参照第 4 章表 4-1。

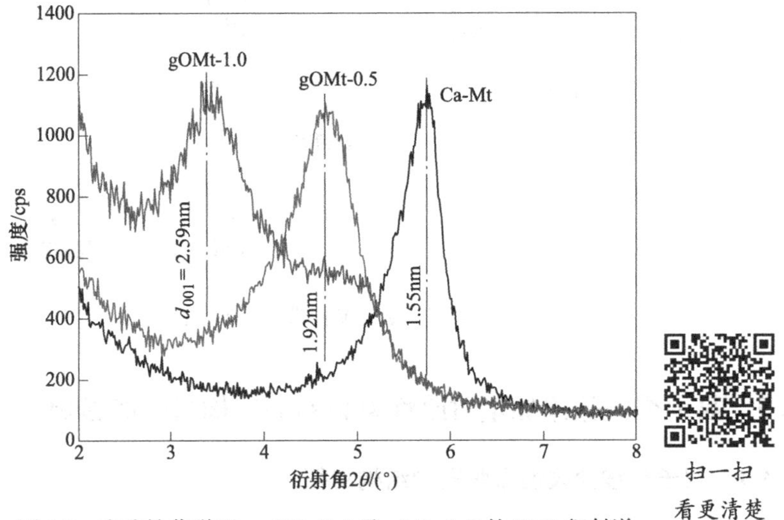

图 5-2 未改性蒙脱石、gOMt-0.5 及 gOMt-1.0 的 XRD 衍射谱

原始蒙脱石、gBDDA 及 gOMt 的 FTIR 光谱图如图 5-3 所示，原始蒙脱石包含了蒙脱石结构羟基伸缩振动（$\nu(-OH)$，$3628cm^{-1}$）、吸附水伸缩振动（$\nu(H-O-H)$，$3424cm^{-1}$）与弯曲振动（$\delta(H-O-H)$，$1636cm^{-1}$）、Si-O 伸缩振动（$\nu(Si-O)$，$1036cm^{-1}$）、Al-O-Si 弯曲振动（$\delta(Al-O-Si)$，$519cm^{-1}$）与 Si-O-Si 弯曲振动（$\delta(Si-O-Si)$，$465cm^{-1}$）等特征峰。gBDDA 改性蒙脱石除了包含原始蒙脱石特征峰外，在约 $2923cm^{-1}$、约 $2853cm^{-1}$ 和 $1468cm^{-1}$ 处观察到 gBDDA 特征振动峰，分别对应了烷基链亚甲基的反对称伸缩振动（$\nu_{as}(-CH_2)$）、对称伸缩振动（$\nu_s(-CH_2)$）以及弯曲振动（$\delta(-CH_2)$）。相比 gOMt-0.5，gOMt-1.0 的$\nu_{as}(-CH_2)$

所对应的波数更短（见表 5-2），发生了蓝移，表明更高的 gBDDA 堆积密度。

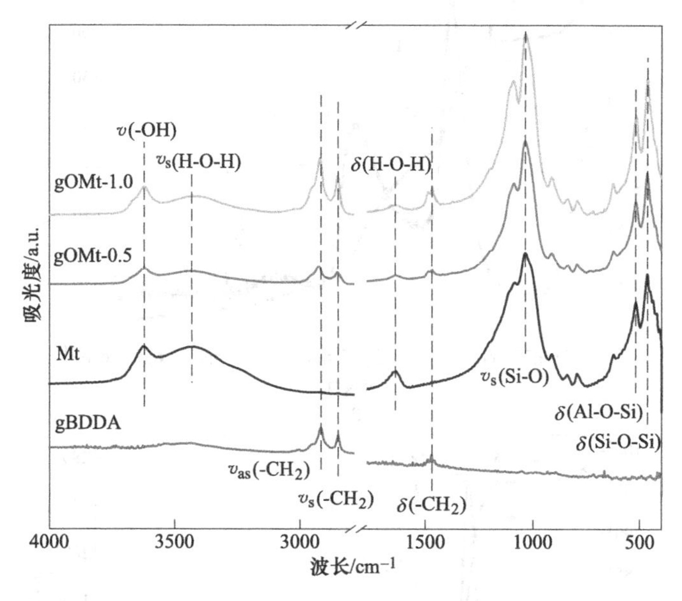

图 5-3　各样品的 FTIR 光谱

基于热重曲线分析（见图 5-4），gOMt-0. 5 与 gOMt-1. 0 在不同温度阶段的热重损失归纳于表 5-2。在 61℃ 和 131℃时，原始蒙脱石 DTG 曲线对应出现了两个峰，归因于物理吸附水和钙离子水化水的蒸发损失；150～850℃范围质量损失是因为脱羟基作用。gBDDA 改性蒙脱石在 150～500℃范围出现梯度质量损失，相关原因已在前几章作了详细说明。改性后的蒙脱石物理性吸附水含量显著降低，gBDDA 改性使得蒙脱石表面由亲水性向疏水性发生转变，并且在研究的投加量范围内，蒙脱石界面疏水性随 gBDDA 使用量增加而升高。gOMt-1. 0 的 f_1/f_2值

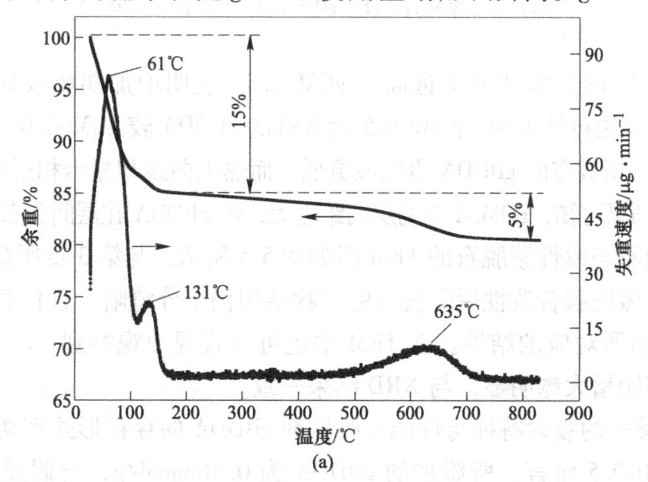

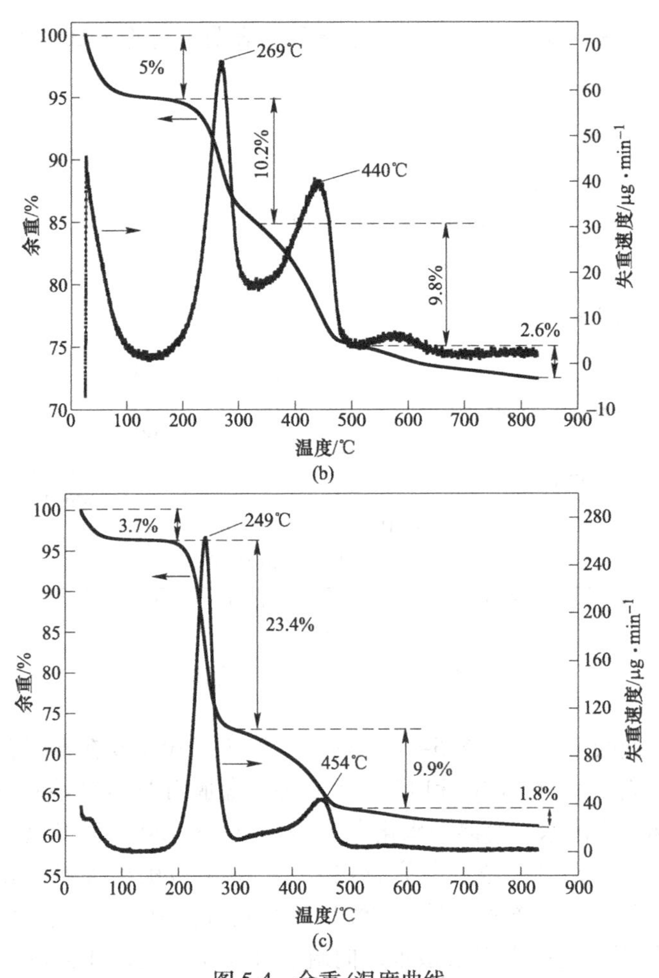

图 5-4 余重/温度曲线

（a）原始蒙脱石；（b）gOMt-0.5；（c）gOMt-1.0

以及在约250℃时的热解速率均远高于 gOMt-0.5，表明增加初始投加量导致更多 gBDDA 分布于蒙脱石外表面。gOMt-0.5 所含有的 gBDDA 较 gOMt-1.0 低，则单位质量蒙脱石其层间所具有的 gBDDA 也应该更低，而热重曲线却显示相近的f_2值。结合 XRD 和 FTIR 结果可知，gOMt-1.0 的层间距更大，但 gBDDA 在层间分布更加致密。

原始蒙脱石与改性蒙脱石的 TEM 图如图 5-5 所示，与第 3 章所观察到的现象一致，超声与微波联合改性后蒙脱石的层状结构仍十分清晰，且估算的层间距要小于 XRD 谱图所对应的结果。在 TEM 中也可以直观地观察到，增加 gBDDA 的使用量，层间距增大越明显，与 XRD 结果一致。

gOMt 对黄药的吸附特征与性能与改性剂 gBDDA 的存在形式密切相关（见表 5-2）。对 gOMt-0.5 而言，所添加的 gBDDA 为 0.46mmol/g，与假设所有 gBDDA

均以阳离子形式存在时的 0.48mmol/g 相近，表明 gOMt-0.5 中不存在电荷平衡溴离子。相反，对 gOMt-1.0 而言，所添加的 gBDDA 为 0.91mmol/g，高于最终可能负载量（0.81~0.90mmol/g），表明部分初始添加的 gBDDA 在合成的过程中被清洗除去，而负载的 gBDDA 有一部分以溴离子配对型的形式存在。

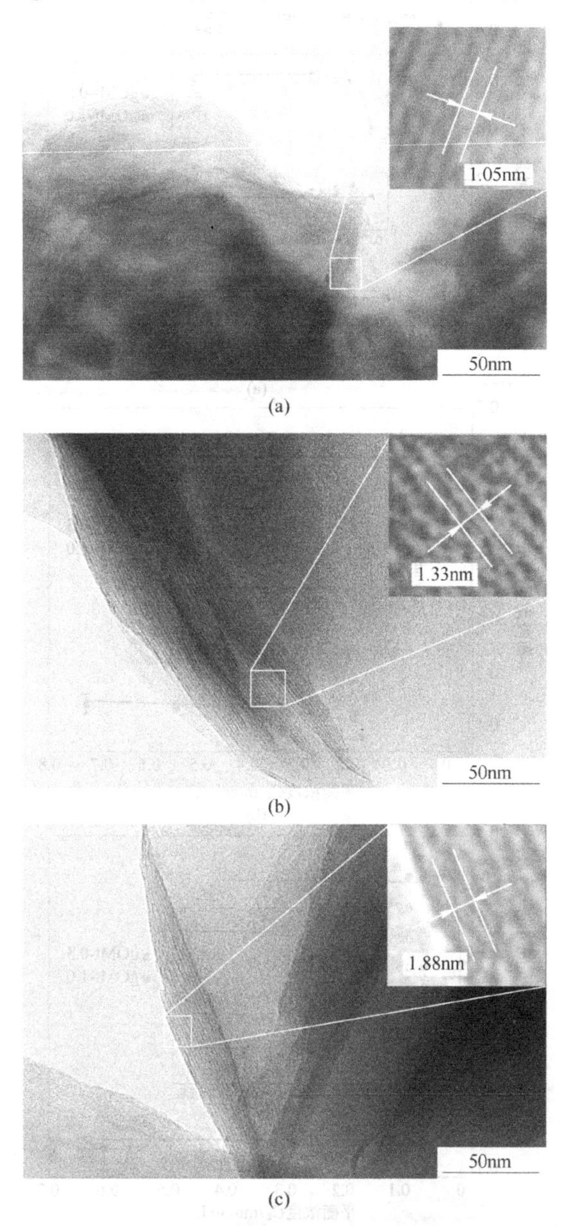

图 5-5 原始蒙脱石与 gOMt 的 TEM 图

(a) Mt；(b) gOMt-0.5；(c) gOMt-1.0

5.3.2 改性蒙脱石对黄药的吸附性能与机制分析

两种 gOMt 对不同黄药的吸附等温线如图 5-6 所示，实验结果经 Langmuir 模

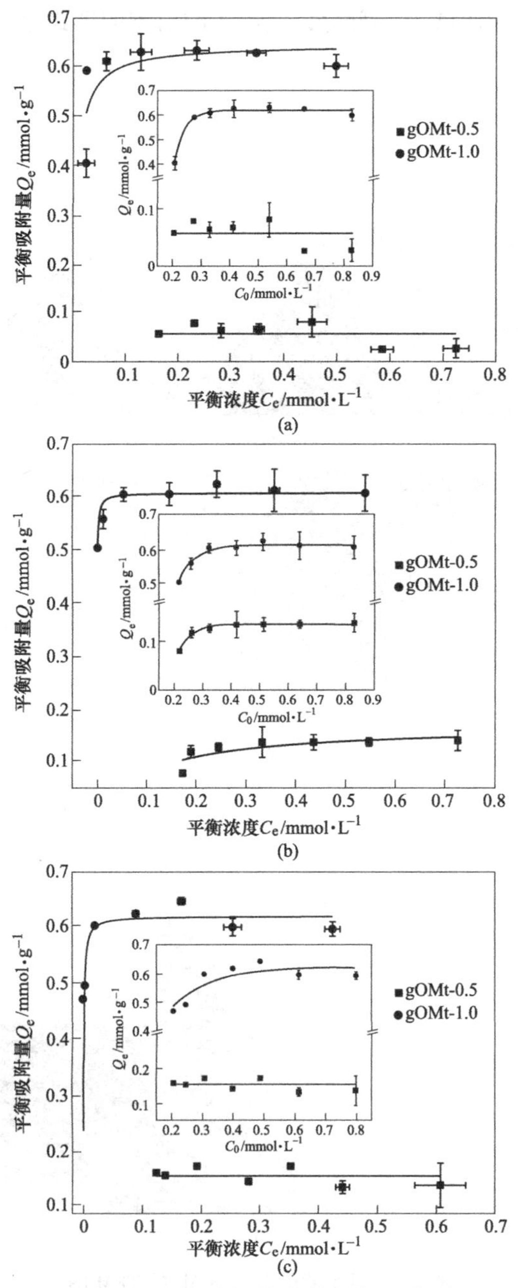

图 5-6 两种 gOMt 对各黄药的吸附等温线

（a）乙基黄药 EX；（b）异丁基黄药 IBX；（c）异戊基黄药 IAX

型拟合所得参数见表5-3（其中gOMt-0.5可能是因为对黄药的吸附量过低、吸附位点不均匀，导致结果无法拟合）。随着初始浓度的升高，gOMt-1.0比gOMt-0.5具有更高的黄药吸附量。gOMt-0.5因缺少离子交换位点，对黄药的吸附主要归因于疏水性作用力。因此，根据Henry定律，gOMt-0.5对黄药的吸附量应随着黄药的初始浓度的升高而升高，然而图5-6所示结果并未观察到显著差异，可能是所选取的浓度仍不够高的原因。三种黄药在gOMt-0.5上的吸附量大小顺序：EX<IBX<IAX，与各黄药分子的烃链长度相吻合，该结果间接地表明了疏水性作用是gOMt-0.5对黄药吸附的主导性作用。相反，在低浓度情况下，gOMt-1.0对黄药的吸附快速达到饱和，表明gOMt-1.0对各黄药的高选择性和分配系数。gOMt-1.0对三种黄药的吸附容量均为0.6mmol/g左右，与黄药自身分子结构或亲疏水性无关。黄药与溴离子进行离子交换，并伴随着疏水性作用，两者共同作用导致了相近的吸附量，其中前者主要发生在蒙脱石外表面（见图5-4（c））。更大的异戊基黄药（IAX）插入层间进行离子交换需要经历更大的空间位阻，导致与层间离子有限的交换率。然而，IAX疏水性更强，通过疏水作用所吸附的量应该比EX及IBX高。离子交换与疏水作用的彼此制衡导致了最终各黄药相近的吸附量。

表5-3 Langmuir模型对gOMt-1.0吸附黄药的拟合参数

吸附质	饱和吸附量 Q_{max}/mmol · g^{-1}	K_L/L · $mmol^{-1}$	R^2
乙基黄药EX	0.618	7.19×10^4	0.983
异丁基黄药IBX	0.607	2.59×10^3	0.877
异戊基黄药IAX	0.618	1.52×10^3	0.870

两种gOMt对三种黄药去除率随时间的变化规律如图5-7所示，gOMt-1.0能在60min内实现对IBX和IAX的完全去除，而gOMt-0.5即使吸附时间长达120min对黄药的去除率仍低于40%。然而，相比合成的对照组$cOMt_{HDP}$及$cOMt_{HDTMA}$两种传统季铵盐改性蒙脱石，gOMt对黄药的吸附效果更为优越，表明gOMt-1.0是一种良好的黄药吸附剂。gOMt-1.0具有远高于gOMt-0.5的黄药初始吸附速率（t<5min），主要是因为gOMt-1.0表面大量分布的离子交换位点。溶液中剩余的黄药浓度快速降低后吸附速率逐渐变缓，可能是因为颗粒内扩散。gOMt-0.5对黄药的吸附主要归因于疏水性作用，所以3种黄药的去除量随黄药链烃长度增加而增加。然而，5min之后溶液中残余的3种黄药浓度随时间变化的趋势基本一致，表明各黄药在gOMt-0.5中的扩散并不受其自身分子结构的显著影响。

如图5-1所示，硫酸根是硫化矿浮选废水的主要共存阴离子之一，其对gOMt吸附黄药的影响特征如图5-8所示。有趣的是，硫酸根的存在并没有抑制gOMt对黄药的吸附，反而有一定的促进作用。这可能是因为水化的硫酸根离子对蒙脱石层间起“疏浚”作用，暴露更多的层间吸附位点，并强化了黄药在层间的扩

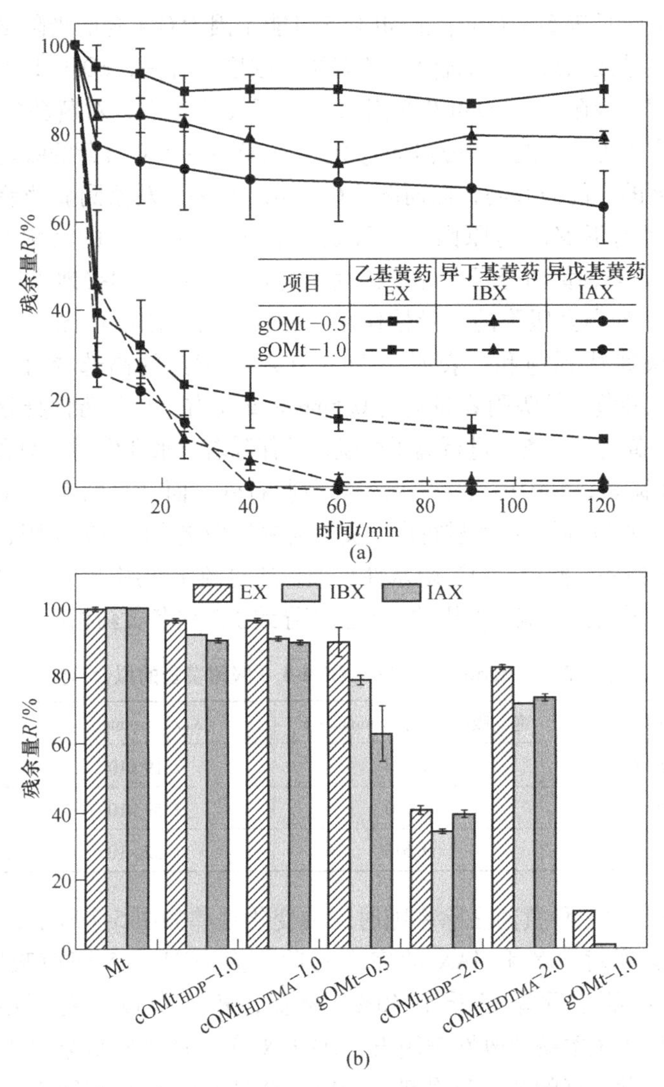

图 5-7 两种 gOMt 对三种黄药去除率随时间的变化规律

(a) 两种 gOMt 对各黄药的吸附速率；(b) 改性蒙脱石对黄药的吸附性能对比

散作用。不考虑空间位阻的前提下，黄药水合能更低，相比硫酸根离子更容易被 gOMt 所吸附。然而，在有限的蒙脱石层间域中，大的黄药分子难以插层。在 gOMt-1.0 中，硫酸根离子既扮演了黄药分子离子交换位点的竞争吸附质，同时也是暴露层间吸附位点的“先驱者”，为黄药的插层吸附开拓新通道。这两种作用的权衡导致了黄药在硫酸根共存体系下表现出更高的吸附量。与此同时，对 gOMt-0.5 而言，疏水作用是黄药吸附的主要驱动力，硫酸根对黄药吸附促进主要是因为暴露了更多的疏水性吸附位点。因此，硫酸根对 gOMt-0.5 吸附黄药的促进程度更为显著。浸没于硫酸根共存的黄药溶液中，gOMt 吸附位点的水化暴露程度取决于 gBDDA 构型，相关过程与机理有待进一步的深入研究。

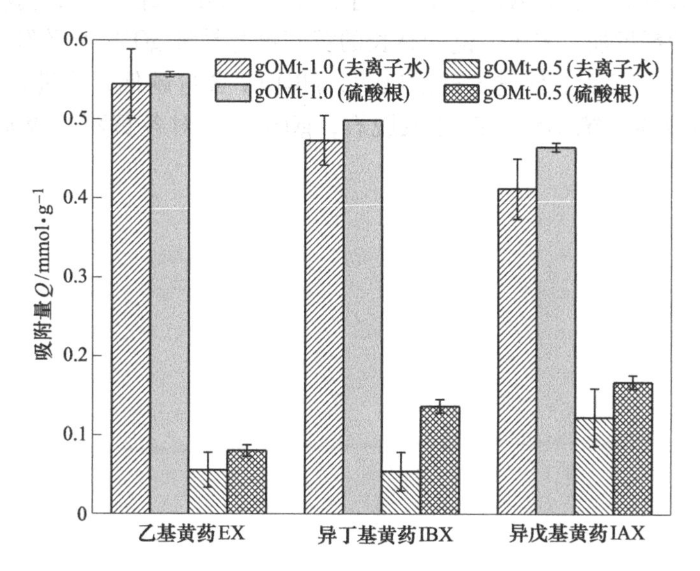

图 5-8 硫酸根对两种 gOMt 吸附黄药的影响特征

综上表征与吸附实验结果，双子季铵盐对蒙脱石的改性及改性蒙脱石对黄药的吸附如图 5-9 所示（为了更加直观，仅显示一片蒙脱石）。蒙脱石经双子季铵盐 gBDDA 改性后，部分 gBDDA 因无法完全被蒙脱石静电中和，而与溴离子静电作用。随着双子季铵盐改性剂投加量的增加，gBDDA 负载量升高，溴离子配对型 gBDDA 含量增加，产生更为疏水的层间微环境，并提供更多离子交换位点，通过疏水作用和离子交换协同促进黄药的高效吸附。

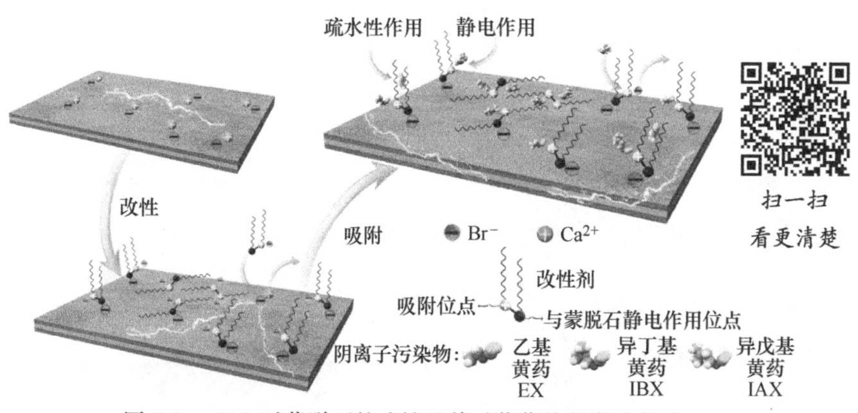

图 5-9 gOMt 对蒙脱石的改性及其对黄药的吸附示意图

综上所述，采用0.5倍和1.0倍CEC的gBDDA对蒙脱石进行改性，对改性蒙脱石进行了系统性表征，并研究了改性蒙脱石对三种不同黄药的吸附分离效果。改性蒙脱石对黄药的吸附主要归因于离子交换和疏水性作用，何种作用占主导地位与改性剂投加量有关。链烃越长的黄药更容易被gOMt所吸附，共存的硫酸根离子能一定程度上促进黄药的吸附，gBDDA含量越低，促进效果越显著。相比其他典型的传统季铵盐改性蒙脱石，gOMt-1.0对各黄药的吸附性能更为优越。

6　无机/有机复合改性蒙脱石的同步脱硝除磷特征与机制

6.1　硝酸根与磷酸根

6.1.1　水体氮、磷污染现状与同步脱硝除磷迫切性分析

水体中氮、磷污染主要源自未处理或者处理不达标的工业废水、生活污水、农业径流和回用废水，以及农田中大量化学肥料的使用，最为常见的污染源是餐厨垃圾渗滤液、人工合成洗涤液、印染废水、造纸废水和速效氮、速效磷化肥浸出液等。此外，尽管城镇污水处理厂的二级出水是城市地表水的主要补充水源，但是这些二级出水也会增加接纳水体的氮、磷总量，对当地水环境系统的生态安全造成威胁。水体富营养化是氮、磷污染最典型的例子，这不仅是国内外面临的主要水环境问题之一，也是水环境生态系统治理修复的重要研究领域之一。水体富营养化是一种由氮、磷营养盐含量过剩引起的水生态平衡失调的现象，进而引发藻类等水生浮游动植物大量繁殖生长，对水生态环境系统造成严重危害，对水质、城市形象和人文景观等方面造成不良影响，危害人体健康并影响生活舒适度。据统计，全球大约75%的封闭水体存在水体富营养化污染，我国超过50%的天然水体存在不同程度的富营养化污染问题。富营养化一般易发生在封闭水体中，如湖泊、水塘、水库等。陈小锋等研究调查分析了全国7个省/自治区的25个典型湖泊的富营养化状况，在2009~2010年处于富营养化的有13个，根据地理位置对湖泊富营养程度进行比较，内蒙古和江苏>东北>新疆，云南则呈现两极分化。吕学研等人分析了太湖1980~2011年富营养化水质变化状况，发现总氮和总磷浓度呈整体上升趋势，湖体水质有明显的区域性区别，同时不同形态氮之间的转化（亚硝化和硝化作用等）导致总氮极值的出现迟于氨氮。全国8个省份典型湖泊水体富营养化情况见表6-1（数据来自全国多个省份的2018年环境状况公报）。

表6-1　2018年全国8个省份典型湖泊水质情况

省（市）	湖泊名称	水质类别	水质状况	营养化级别	主要污染指标
云南	洱海	Ⅲ	轻度污染	中营养	TP、COD
	滇池	Ⅳ	轻度污染	轻度富营养	TP、COD

续表 6-1

省（市）	湖泊名称	水质类别	水质状况	营养化级别	主要污染指标
南京	玄武湖	Ⅳ	良好	轻度富营养	TP
江西	鄱阳湖	Ⅳ	轻度污染	中营养	TP
江苏	太湖	Ⅳ	轻度污染	轻度富营养	TP
安徽	巢湖	Ⅴ	轻度污染	轻度富营养	TP
浙江	西湖	Ⅲ	轻度污染	中营养	NH_4^+-N、TP、COD
广东	星湖	Ⅳ	轻度污染	轻度富营养	—
四川	泸沽湖	Ⅰ	优良	贫营养	无

水体中的氮主要以硝氮（NO_3^-、NO_2^-）和氨氮（NH_4^+、NH_3）为主。根据文献调查统计，全国19个省市自治区127座污水处理厂的平均进水硝氮浓度为7.53mg/L，出水浓度为9.87mg/L，氨氮进出水浓度分别为22.83mg/L和2.3mg/L；澳大利亚的一座城镇污水处理厂二级出水的PO_4^{3-}-P、NO_3^--N和NO_2^--N浓度分别为0.62mg/L、3.28mg/L和0.08mg/L，可能是因为微生物处理过程中的硝化作用导致二级出水含有较高浓度的硝酸盐。亚硝胺是被公认的一级致癌物质，其主要的前驱体是硝酸盐、亚硝酸盐和胺类化合物。虽然硝酸盐本身对人体不产生毒性，既可被吸收又能轻易被排出体外，但是当其进入人体后，容易被肠道系统中反硝化细菌还原为NO_2^-，此物质充当氧化剂，将血液中的二价铁氧化为三价铁，导致血液中血细胞内的血红蛋白降低甚至丧失氧气运输能力，影响血液中的氧气结合过程，轻则使人出现缺氧中毒症状，严重者可能导致昏迷、休克、甚至死亡。同时，NO_2^-能与人体内一些胺类物质结合形成亚硝胺，当该物质含量积累到一定程度时，可能致癌、诱发肝硬化等疾病，邓熙等研究发现饮用水中硝酸盐和亚硝酸盐的含量与癌症死亡率之间有着较高的正相关性。水体中的磷主要以有机磷和无机磷的形式存在，其中地表水中无机磷主要以HPO_4^{2-}和$H_2PO_4^-$的形式存在，城镇污水处理厂主要通过排放微生物吸收磷后的剩余污泥来进行除磷，耗时较长，需长期保持微生物的营养比例，排放的含磷污泥处理成本较高，同时在疏浚过程中的沉积物聚磷菌容易被外界条件影响活化而释放磷，造成二次污染。

6.1.2 水体同步脱硝除磷技术的研究现状

目前，脱氮除磷常用的方法有水培植物法、生物滤池、微生物法（AAO、MBR等工艺）、人工湿地法和吸附法等。水培植物法将氮和磷作为植物营养元素进行内源生长代谢消耗，微生物法可通过同化作用、硝化反硝化作用和聚磷菌好氧吸收磷等方式进行脱氮除磷，生物滤池通过填料的表面吸附和表面负载的生物膜进行脱氮除磷，而人工湿地法结合了水培植物和生物滤池两种方法。此类生物方法存在处理周期较长，效果缓慢，需长期调控营养比例，定期更换填料，老化生物膜脱落易堵塞处理单元，需定期清理剩余淤泥等缺点。

吸附法因具有成本低廉、处理速度快、耗能低、运行条件简单和不产生二次污染等优点，已被广泛应用于水环境治理当中。目前，已有多种具有脱硝或除磷能力的吸附剂被相继开发，林建伟等人发现溴代十六烷基吡啶改性沸石对硝酸根的吸附平衡时间为30min，在25℃下饱和吸附量可达9.36mg/g；He等研究季铵化壳聚糖包裹Fe^{3+}/Mg^{2+}/戊二醛改性沸石微球对硝酸盐的去除，发现硝酸根在15min内达到吸附平衡，饱和吸附量为62.2mg/g；日本Kuzawa等人研究水滑石对磷酸根的去除和回收效果，发现其对P的最大吸附量可达47.3mg/g；越南Pham等人研究La改性沸石对磷酸根的富集和回收能力，发现其对磷酸根的最大吸附量为106.2mg/g。然而，以上众多吸附剂中，仅有少数吸附剂可以实现同步脱硝除磷。Wu等人用有机改性的铝锰双金属氧化物同步去除硝酸根和磷酸根，15min内达到吸附平衡，同步饱和吸附量分别为19.45mg/g和33.16mg/g。

6.2 无机/有机复合改性蒙脱石及其环境修复应用

无机或有机改性蒙脱石功能单一，对于处理含多组分的复杂实际水体适用性不足，如工业园区的混合废水、垃圾填埋场渗滤液等，这些实际废水往往同时含有重金属和有机污染物；而无机/有机复合改性蒙脱石兼具无机和有机改性剂的活性基团，表现出多功能性，在实际废水处理中可能更具优势。目前，蒙脱石的复合改性研究中多以聚合羟基金属阳离子为无机柱撑剂，以表面活性剂或有机硅烷为有机改性剂。其对电中性以及阴离子型有机物均具有良好的吸附性能，前者主要通过分配机制，后者则主要通过离子交换、疏水作用以及配体交换等。复合改性蒙脱石因同时具有两种类型的改性剂，其结构较单一改性更为复杂，而改性蒙脱石的结构与改性顺序、改性剂类型和添加量密切相关。朱润良等人研究发现，Al_{13}（$[Al^{IV}Al^{VI}_{12}O_4(OH)_{24}\cdot(H_2O)_{12}]^{7+}$）和十六烷基三甲基溴化铵联合改性蒙脱石时，其结构取决于两改性剂的添加顺序与摩尔量，若先经Al_{13}插层且Al_{13}添加量相对较高时（大于4mmol/g），Al_{13}将蒙脱石层“锁定”，导致后续十六烷基三甲基铵的负载量显著降低。周跃花等人利用Al_{13}对十六烷基三甲基铵改性蒙脱石进行二次改性，蒙脱石层间距循序升高，两种改性剂成功插层，所得复合改性蒙脱石在苯酚与铬（Ⅵ）初始浓度均为30mg/L的混合溶液中、投剂量0.6g/50mL、pH值为6、吸附时间2h时，苯酚和铬（Ⅵ）吸附去除率分别达85.0%和94.7%，表现出优越的吸附性能。何宏平等人利用了阳离子型表面活性剂和两性离子型表面活性剂分别与Al_{13}联合改性蒙脱石，前者更易插层，所得两种复合改性蒙脱石能同时去除水体中的苯酚、磷酸根和镉（Ⅱ）离子。

Phoslock®是一种La^{3+}改性的膨润土，La含量约4.4%~5.0%，已被应用于治理的富营养化水体超过200个。然而，在实际水体中La^{3+}易受体系其他组分的影响，如氨氮和腐殖酸等，前者可能将La^{3+}交换至溶液中，而后者易与La^{3+}发生络合占据P的吸附位点。将La^{3+}转化为镧氧化物或氢氧化物分散于蒙脱石表面，利用蒙脱石的层间位阻效应等将有望改善Phoslock®的不足，同时释放蒙脱石的负电位点用于季铵盐改性。虽然季铵盐改性蒙脱石对硝酸根等低水合能阴离子的选择性较高，但无法同步吸附磷酸根，单一季铵盐改性蒙脱石无法实现同步脱硝除磷。基于Phoslock®对P的吸附以及季铵盐改性蒙脱石对硝酸根的吸附优势，利用镧与新型双子季铵盐复合改性蒙脱石有望实现水体的高效同步脱硝除磷。基于第3章研究发现，双子季铵盐改性蒙脱石相比传统单链季铵盐改性蒙脱石对污染物吸附效果更好，且改性剂溶出更低。然而，为了得到更高纯度和产率的双子季铵盐，所合成的双子季铵盐电荷平衡离子通常为溴离子。双子季铵盐改性后的蒙脱石在阴离子吸附时通常伴随溴离子的溶出，导致二次污染。另外，溴离子水合能较氯离子高，更难被交换。因此，对双子季铵盐改性蒙脱石的电荷平衡离子进行功能化将拓展其应用范围，如$FeCl_4^-$、MoS_4^{2-}等。

6.3 镧/双子季铵盐改性蒙脱石的结构特征与同步脱硝除磷应用

6.3.1 合成与吸附

将5g原始的钙基蒙脱石（与第3章一致）分散于100mL浓度为20mmol/L的$LaCl_3$溶液中剧烈搅拌4h，进行充分离子交换得到La^{3+}型蒙脱石。将分离的La^{3+}型蒙脱石再分散于100mL去离子水中，逐渐滴加0.5mol/L的NaOH溶液至悬浮液体系pH值为11.5左右，于25℃条件下沉淀反应20h，将La^{3+}转化为$La(OH)_3$。由于沉淀过程没有进行隔绝空气密封处理，部分空气中的CO_2可能改变La的存在形态。向分离后的镧氢氧化物负载蒙脱石中加入100mL浓度为45.5mmol/L的双子季铵盐溶液，所采用的双子季铵盐与第3章所合成的一致，在25℃条件下混合改性15h得到白色泥状产物。经干燥、研磨、过筛后得到最终的LaOMt复合改性蒙脱石。

准备10mmol/L的KH_2PO_4和KNO_3母液，后续开展吸附实验所需低浓度P和N溶液均由此溶液稀释配制。将20mg的LaOMt或Phoslock®（北京枫斯洛克生态工程技术有限公司提供）分散于25mL的0.1mmol/L的磷酸根和硝酸根溶液中开展吸附动力学实验，各密闭的聚乙烯瓶在25℃条件下振荡（150r/min）吸附。在预设的时间点，取出两个聚乙烯瓶，经0.45μm滤膜过滤固液分离后，利用分光光度计测定剩余吸附质浓度，计算吸附量。为研究LaOMt对磷酸根和硝酸根的吸附选择性，配制含有共存0.1mmol/L的氯离子、碳酸根离子、硫酸根离子混合液，采用吸附动力学相同的吸附条件，与未添加共存离子体系进行对比分析。由于体系同时存在磷酸根和硝酸根离子，为明确两者吸附过程是否存在协同或拮抗作用，设计了4种不同的吸附体系：固定硝酸根浓度为$[N]_0$=(0.165±0.048)mmol/L或(3.16±0.039)mmol/L，改变磷酸根浓度；固定磷酸根浓度为$[P]_0$=(0.150±0.003)mmol/L或(4.09±0.099)mmol/L，改变硝酸根浓度。该吸附等温线实验条件：固液比为20mg/25mL、T=25℃、t=24h。硝酸根和磷酸根初始浓度较高的共存体系平衡后固体样品分离、保存，用于后续表征，作吸附机理分析。

6.3.2 结构特征

原始蒙脱石与LaOMt的XRD谱图如图6-1所示，原始蒙脱石样品中包含了少量的方晶石和石英杂质，但是基于阳离子交换量测试结果可知，其主要成分仍为蒙脱石，且从XRD谱图可知层间距为0.58nm，是典型钙基蒙脱石。La和双子季铵盐负载导致蒙脱石层间距增大，分别于衍射角3.4°及4.9°处观察到001衍射峰，表明LaOMt的插层不均匀，可能是由双子季铵盐的不同构型所引起。结合LaOMt的层间距及双子季铵盐分子大小（见图3-2），衍射角为3.4°的衍射峰可

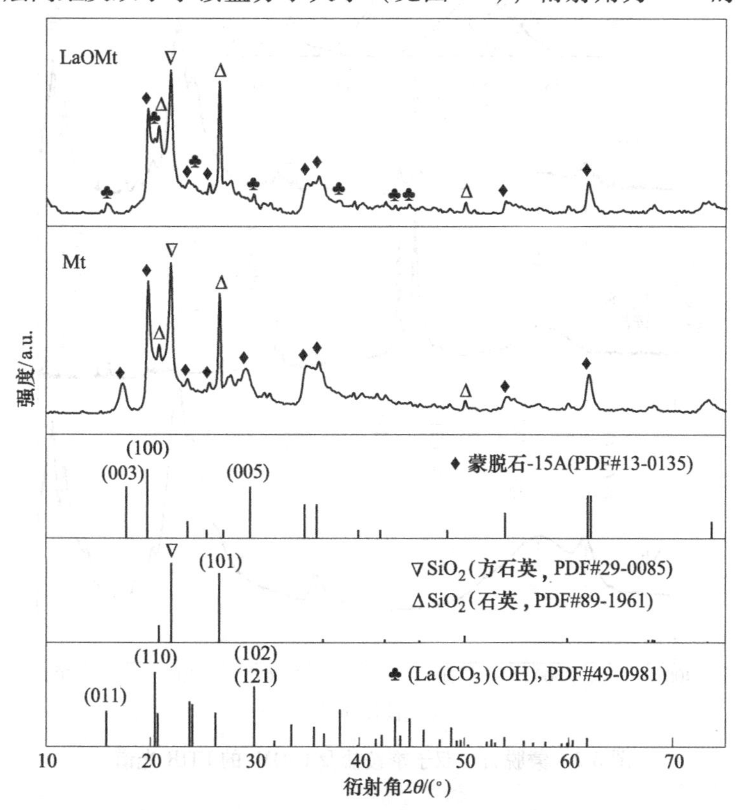

图6-1 Mt与LaOMt的XRD谱图

能归因于伪三层或石蜡型倾斜单层的构型，而4.9°的衍射峰则可能是因为平卧构型。由于合成过程没有杜绝空气中的CO_2，La^{3+}转换成氢氧化镧的过程部分氢氧根被碳酸根取代，形成$LaCO_3OH$，从XRD谱图中可以看出相对应的特征衍射峰。

原始蒙脱石的FTIR光谱中仍旧可观察到结构羟基及物理吸附水的特征峰，但两者的相对强度经La和双子季铵盐改性后发生了变化（见图6-2），金属表面的羟基(ν_s(M-O-H))与物理吸附水羟基(ν_s(H-O-H))的对称伸缩振动强度比增加，归因于La-OH的形成及疏水性的增强。LaOMt中可见亚甲基在2923cm^{-1}、2852cm^{-1}和1471cm^{-1}的特征峰，表明双子季铵盐的成功负载，从而提高LaOMt的疏水性。对波数为1475cm^{-1}的峰进行分峰处理，除了亚甲基在1471cm^{-1}处的弯曲振动(δ(CH_2))外，两个分别于1497cm^{-1}和1415cm^{-1}处的特征峰均归属于$LaCO_3OH$。这进一步表明La主要以$LaCO_3OH$形式存在，且其含量较低。

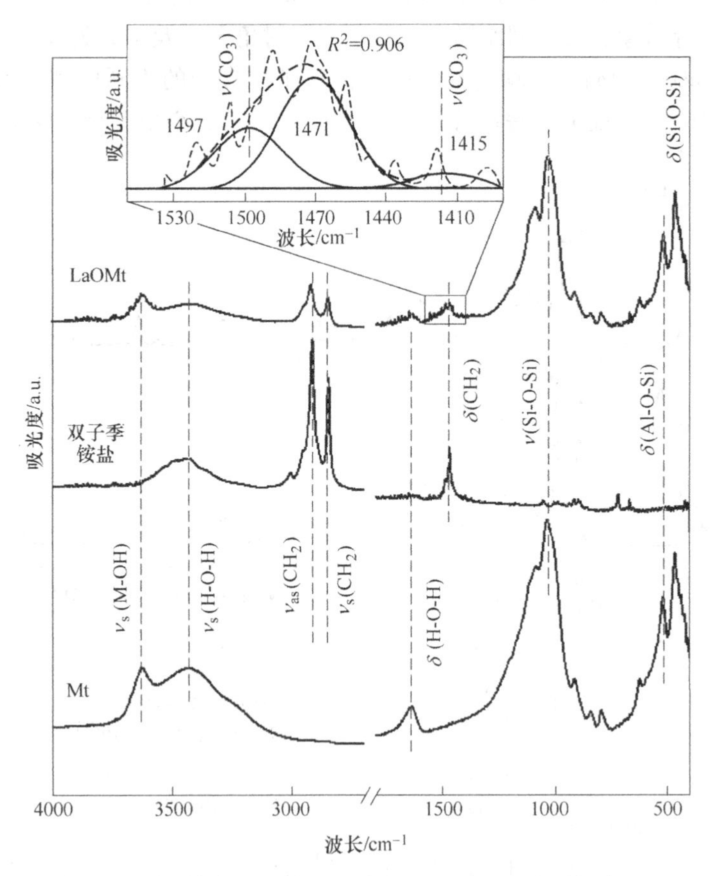

图6-2 蒙脱石、双子季铵盐及LaOMt的FTIR光谱

原始蒙脱石与LaOMt的热重曲线如图6-3所示。在25~170℃范围内，原始蒙脱石及LaOMt的质量损失归因于脱水过程，包括在较低温度下的（44℃与

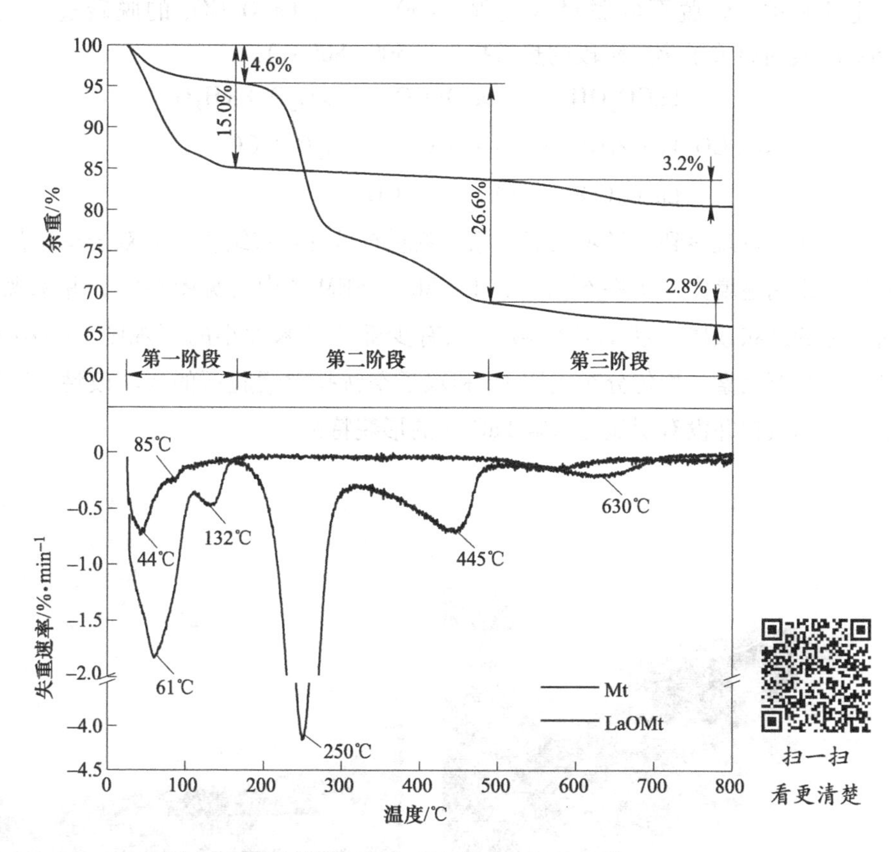

图 6-3 原始蒙脱石与 LaOMt 的 TG/DTG 曲线

61℃）物理性吸附水，以及较高温度下的（85℃与 132℃）水化钙离子脱水及 $LaCO_3OH$ 的分解(见式(6-1))。对 Mt 而言，其物理吸附水含量远高于钙离子水化水含量，可能是该蒙脱石一直未存于干燥皿中的缘故。其中钙离子水化水的脱除温度相对较高，这与样品的自身性质及热解实验条件有关，如粒径更大的样品在堆积更紧凑的情况下所需的脱水温度越高。在脱水阶段，原始蒙脱石的热重损失约 15%，而 LaOMt 仅为 4.6%，这是因为双子季铵盐的改性增加了材料的疏水性。在 170~500℃温度范围内，其对应的质量损失归结为双子季铵盐的热解以及 $LaCO_3OH$ 的脱羟基作用(见式(6-2))。双子季铵盐的热解与其自身的分布和存在类型有关。十八烷基三甲基铵改性蒙脱石的 DTG 曲线中，在三个温度范围（170~205℃、270~290℃及 370~385℃）均观察到最大热重损失峰，分别归因于表面吸附的改性剂、层间吸附的改性剂分子以及层间吸附的改性剂阳离子的分解。因此，LaOMt 的 DTG 曲线中 250℃及 445℃的两个峰分别对应了分布于蒙脱石外表面与层间双子季铵盐的裂解，该裂解温度偏高与所使用的有机改性剂的热稳定性有关。蒙脱石的脱羟基过程（630℃）与 $La_2O_2CO_3$ 的脱碳过程（见式(6-3)）共同导致了第三阶段的热重损失（500~800℃）。

$$LaCO_3OH \longrightarrow La_2O(CO_3)_2 \cdot xH_2O + yH_2O \tag{6-1}$$

$$La_2O(CO_3)_2 \cdot xH_2O \longrightarrow La_2O_2CO_3 + xH_2O + CO_2 \tag{6-2}$$

$$La_2O_2CO_3 \longrightarrow La_2O_3 + CO_2 \tag{6-3}$$

与前几章观察到的形貌相似，原始蒙脱石呈现片状结构，经双子季铵盐改性后层间距明显增大（见图 6-4）。在 LaOMt 的 SEM 图中（见图 6-5），并未观察到所报道的杆状或圆饼状 $LaCO_3OH$，只有少部分纳米大小的不规则 $LaCO_3OH$ 颗粒。溴与镧元素的均匀分布表明 La 和双子季铵盐对蒙脱石的成功改性。吸附磷酸根和硝酸根并没有明显地影响 LaOMt 的形貌特征。

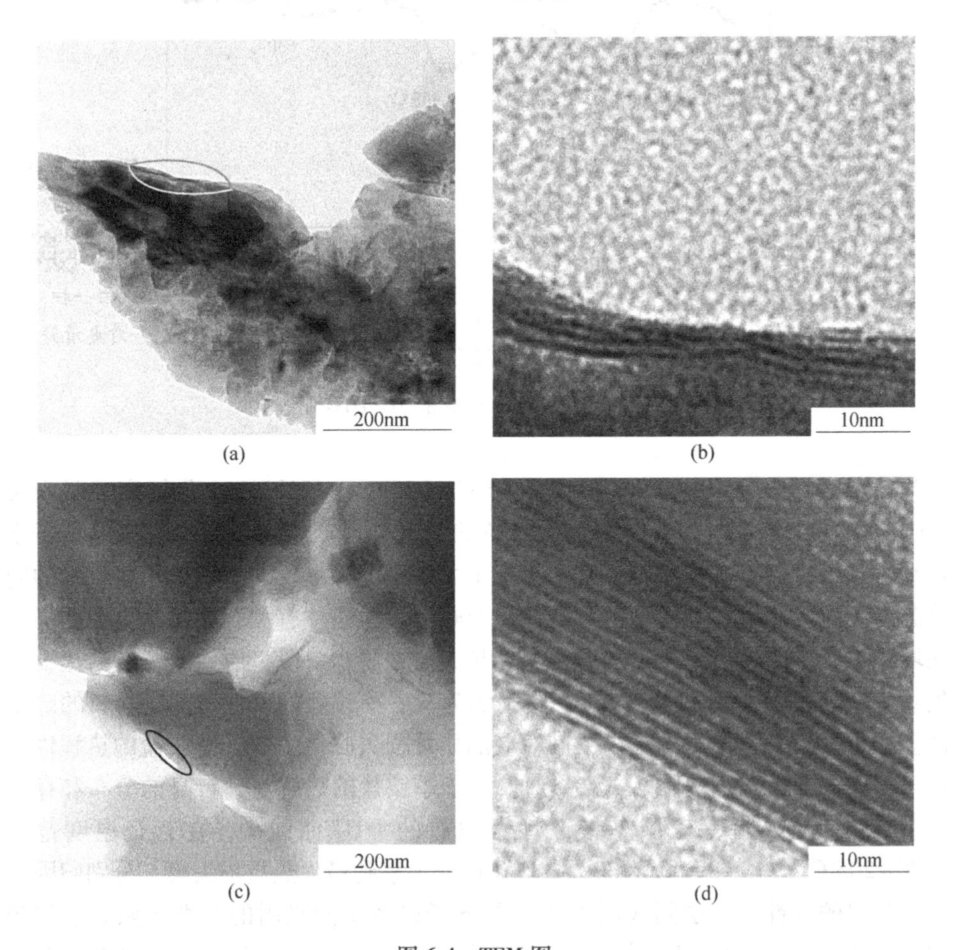

图 6-4 TEM 图

(a) 和 (b) 原始蒙脱石；(c) 和 (d) LaOMt

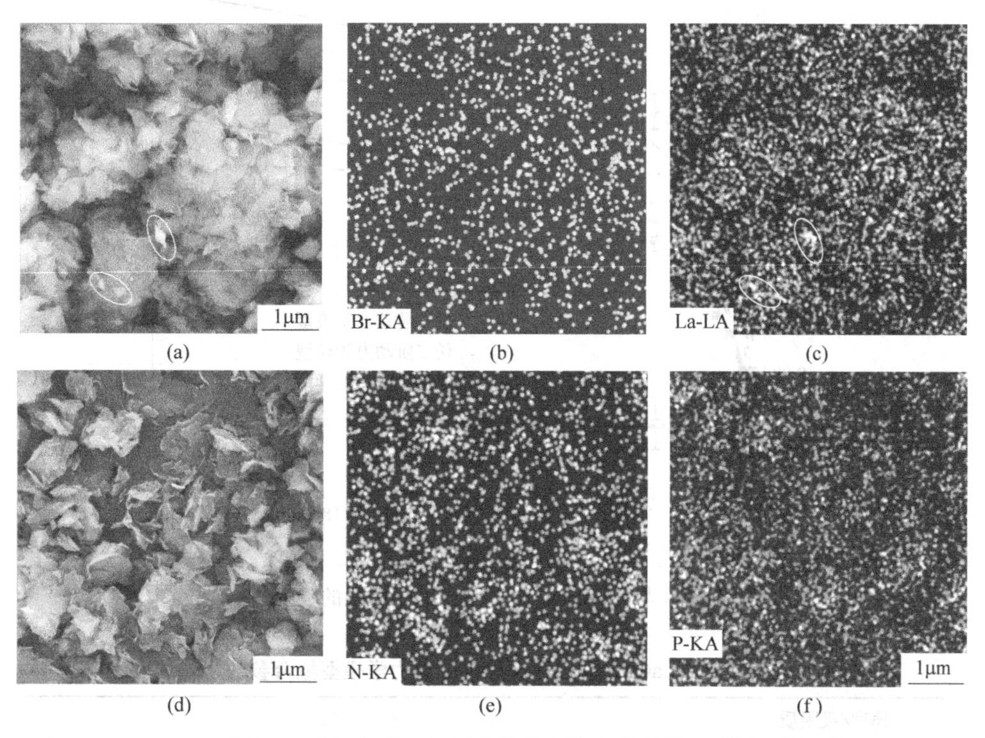

图 6-5 LaOMt 吸附前后的 SEM 图与元素分布图

(a) ~ (c) 吸附前；(d) ~ (f) 吸附后

6.3.3 同步脱硝除磷性能

LaOMt 同步脱硝除磷动力学如图 6-6 所示，对实验结果采用伪一阶动力学、伪二阶动力学及 Elovich 模型分别进行拟合，各模型对应的拟合结果见表 6-2。LaOMt 对磷酸根的吸附在前 90min 内快速增加，随后增长速率减缓直至 150min，然而即使 240min 仍未达到最终平衡。相反，LaOMt 对硝酸根的吸附在 20min 内快速达到平衡。更高的速率常数（k_1、k_2及 α）进一步表明了硝酸根比磷酸根具有更快的吸附速率。基于相关系数（R^2）及残差平方和（RSS）的值，磷酸根的吸附较为吻合 Elovich 模型，该模型常用于描述多阶段的吸附或反应过程，包括起始的吸附促进阶段及后续的缓慢积累阶段。这一拟合结果表明磷酸根吸附是一个扩散限速过程，因为 LaOMt 中部分被包埋的磷酸根吸附位点在溶液中因吸附质水化过程逐渐暴露、可利用。伪二阶动力学对硝酸根吸附数据拟合较好，表明化学吸附主导整个吸附过程，伴随吸附质与吸附剂之间存在电子交换或共享。十六烷基吡啶改性蒙脱石对硝酸根的吸附研究得到了相似的结果。

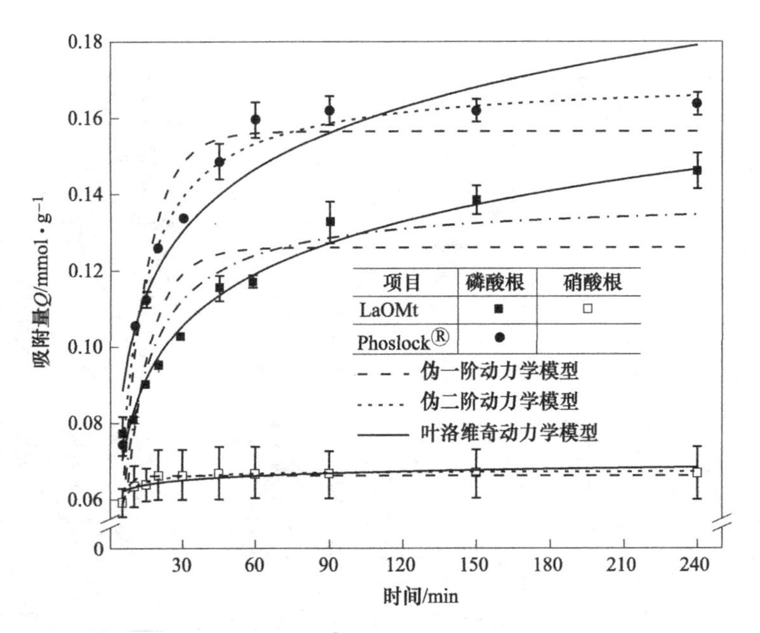

图 6-6 LaOMt 与 Phoslock®对磷酸根和硝酸根的吸附速率对比

表 6-2 LaOMt 同步脱硝除磷的动力学模型拟合参数

模型/吸附质	参 数			
伪一阶动力学模型	q_e/mmol · g^{-1}	k_1/min^{-1}	R^2	RSS①
磷酸根	0. 1261±0. 0071	0. 0973±0. 0228	0. 562	0. 0021
硝酸根	0. 0658±0. 0005	0. 4527±0. 0283	0. 838	0. 4161
伪二阶动力学模型	q_e/mmol · g^{-1}	k_2/g · $mmol^{-1}$ · min^{-1}	R^2	RSS①
磷酸根	0. 1386±0. 0061	1. 029±0. 263	0. 829	0. 0008
硝酸根	0. 0675±0. 0003	21. 41±1. 582	0. 964	0. 0928
叶洛维奇动力学模型	α/mmol · g^{-1} · min^{-1}	β/g · $mmol^{-1}$	R^2	RSS①
磷酸根	0. 1398±0. 0346	50. 77±2. 684	0. 976	0. 0001
硝酸根	1. 804±0. 000	477. 2±99. 46	0. 712	0. 7402

① RSS 为残差平方和，$RSS = \sum(q_{cal} - q_{exp})^2$，其中 q_{cal} 与 q_{exp} 分别表示拟合及实验所得吸附量（mmol/g）。

在自然环境水体中，氯离子、碳酸氢根、硫酸根等通常与磷酸根和硝酸根共存，它们对 LaOMt 同步脱硝除磷的影响特征，如图 6-7 所示。除硫酸根外，其他离子对磷酸根和硝酸根的吸附未产生显著影响。双子季铵盐的季铵盐头部（$-R_4N^+$）是非靶向性的阴离子吸附位点，各阴离子对这类吸附位点的亲和性遵守 Hofmeister 规则，即 $PO_4^{3-}<CO_3^{2-}<SO_4^{2-}<Cl^-<Br^-<NO_3^-$。因此，

在相同浓度的情况下，硫酸根离子难以交换电荷平衡溴离子，不应该对硝氮吸附产生影响。然而，实验结果发现，硫酸根存在的情况下，硝酸根的吸附得到促进。这可能是因为硫酸根是一种具有高水合能（-1090kJ/mol）的大阴离子（0.218nm），其共存能促进 LaOMt 的水化，从而暴露更多的$-R_4N^+$吸附位点，提高硝酸根吸附量。

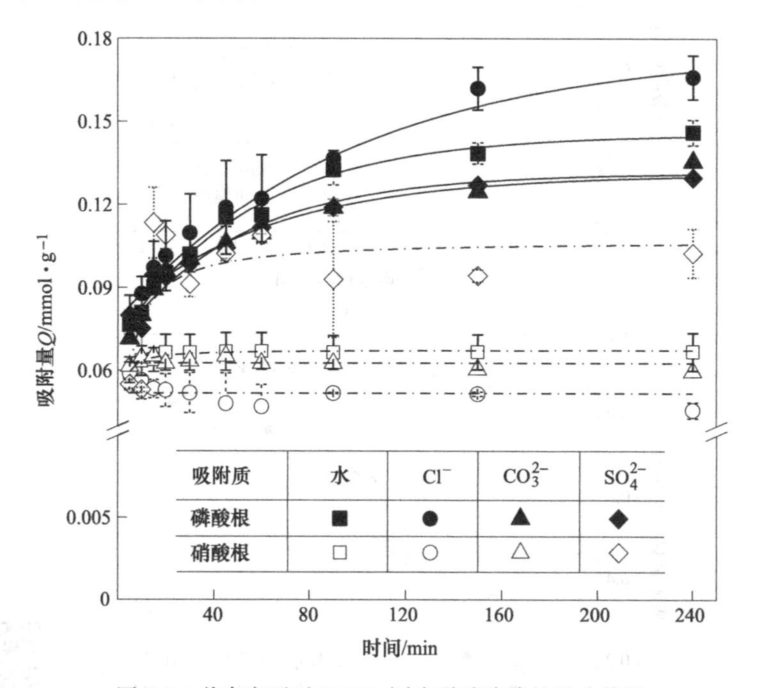

图 6-7　共存离子对 LaOMt 同步脱硝除磷的影响特征

为获得 LaOMt 对磷酸根和硝酸根的饱和吸附量数据，开展吸附等温线实验研究，结果如图 6-8 所示。当初始硝酸根浓度固定为 0.165mmol/L 或 3.16mmol/L 时，磷酸根的吸附等温线呈现 L 形曲线，表明初期 LaOMt 对磷酸根的高亲和性。随着磷酸根浓度的逐渐增加，LaOMt 表面的吸附位点逐渐被占据，磷酸根有效吸附位点逐渐减少。两种不同硝酸根浓度体系中，LaOMt 对磷酸根最大的单层吸附量分别为 0.392mmol/g 和 0.358mmol/g，相关拟合参数见表 6-3。两种情况下的细微差别表明硝酸根的共存对磷酸根的吸附影响十分微弱。相反，在不同浓度的磷酸根体系下，LaOMt 对硝酸根的吸附等温线呈现 S 形曲线，表明在低硝酸根浓度时，LaOMt 对硝酸根的亲和性不足。当硝酸根浓度增加到一定程度时，等温线迅速变陡，吸附量显著提高，并达到平衡。Sips 等温线模型对 LaOMt 吸附硝酸根的数据拟合较好。以上所观察到的实验现象主要归因于磷酸根与硝酸根的协同吸附以及层间吸附位点$-R_4N^+$可利用性的提高，吸附质浓度梯度升高促进了 LaOMt 水化膨胀，暴露吸附位点。

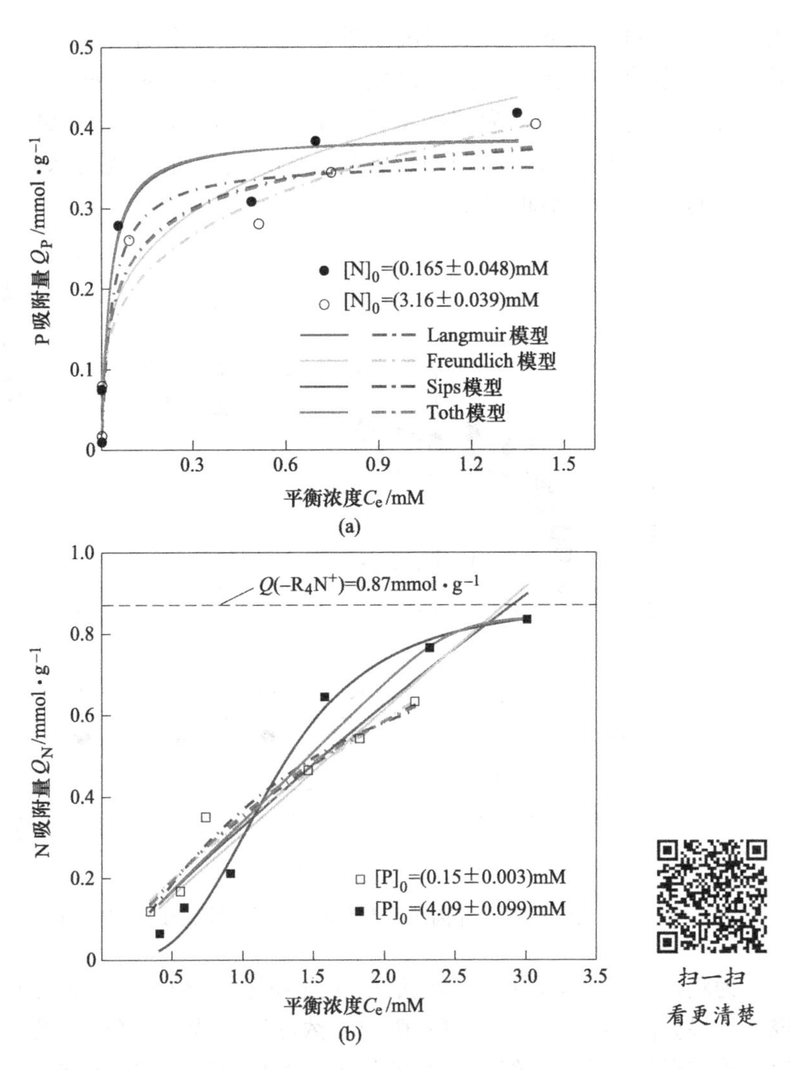

图 6-8　吸附等温线

（a）磷酸根；（b）硝酸根

表 6-3　LaOMt 同步脱硝除磷的吸附等温线模型拟合参数

Langmuir 模型	$[N]_0$=0. 165mmol/L	$[N]_0$=3. 16mmol/L	$[P]_0$=0. 150mmol/L	$[P]_0$=4. 09mmol/L
Q_L/mmol · g^{-1}	0. 392±0. 033	0. 358±0. 034	1. 743±0. 785	6. 590±16. 25
K_L/L · $mmol^{-1}$	37. 06±21. 22	29. 80±22. 68	0. 253±0. 162	0. 052±0. 145
R^2	0. 915	0. 905	0. 946	0. 896
残差平方和	9. 74×10^{-3}	8. 80×10^{-3}	9. 25×10^{-3}	8. 80×10^{-3}
Freundlich 模型	$[N]_0$= 0. 165mmol/L	$[N]_0$= 3. 16mmol/L	$[P]_0$= 0. 150mmol/L	$[P]_0$= 4. 09mmol/L

续表 6-3

Langmuir 模型	$[N]_0$=0.165mmol/L	$[N]_0$=3.16mmol/L	$[P]_0$=0.150mmol/L	$[P]_0$=4.09mmol/L
K_F(mmol/g (L/mmol)$^{1/n}$)	0.369±0.028	0.405±0.042	0.340±0.026	0.310±0.062
n	3.731±0.840	3.823±1.107	1.270±0.187	1.013±0.226
R^2	0.908	0.846	0.939	0.891
残差平方和	8.53×10^{-3}	1.77×10^{-2}	1.04×10^{-2}	5.29×10^{-2}
Sips 模型	$[N]_0$= 0.165mmol/L	$[N]_0$= 3.16mmol/L	$[P]_0$= 0.150mmol/L	$[P]_0$= 4.09mmol/L
Q_s/mmol · g^{-1}	0.453±0.167	0.388±0.045	0.888±0.516	0.879±0.076
K_s/$L^{1/m}$ · $mmol^{-1/m}$	11.20±20.48	38.07±25.01	0.786±0.731	0.822±0.082
m_s	1.792±0.889	0.943±0.488	0.704±0.363	0.304±0.070
R^2	0.909	0.887	0.935	0.977
残差平方和	6.33×10^{-3}	9.72×10^{-3}	8.42×10^{-3}	8.48×10^{-3}
Toth 模型	$[N]_0$= 0.165mmol/L	$[N]_0$= 3.16mmol/L	$[P]_0$= 0.150mmol/L	$[P]_0$= 4.09mmol/L
Q_t/mmol · g^{-1}	0.535±0.360	0.388±0.054	0.980±1.673	0.842±0.161
K_t	199.7±559.3	34.73±46.80	0.408±0.580	0.404±0.089
m_t	0.357±0.317	1.066±1.073	1.704±3.854	13.01±62.45
R^2	0.915	0.887	0.930	0.895
残差平方和	5.92×10^{-3}	9.74×10^{-3}	9.03×10^{-3}	3.81×10^{-2}

6.3.4 同步脱硝除磷机制

P 2p 轨道电子的 XPS 光谱表明 LaOMt 对磷酸根成功负载（见图 6-9），与 P 元素的均匀分布结果相一致（见图 6-5）。另外，LaOMt 吸附磷酸根后，其 FTIR 光谱中 ν_s(M-OH) 与 ν(Si-O-Si) 所对应的峰强降低（见图 6-10），且于波数 498cm^{-1}处观察到 La-O 伸缩振动峰，表明磷酸根吸附伴随配体交换过程（见式(6-4)），吻合磷酸根比氢氧根对 La 有更高的亲和性这一现象。尽管 La 3d 轨道电子结合能在吸附前后并没有发生明显改变，但是磷酸根振动从 1300cm^{-1}蓝移至 1279cm^{-1}（见图 6-10），归因于磷酸根与镧之间发生了络合作用。La 以 $LaCO_3OH$ 的形式存在于 LaOMt 中，据报道的 $LaCO_3OH$ 零电点为 9.8，高于溶液 pH 值（5.0 ± 0.2），表明静电作用也可能是磷酸根的吸附机制之一。根据磷酸根的水解常数 K_{a1}、K_{a2}和 K_{a3}可知，在该 pH 值水溶液体系下，磷酸根主要以 $H_2PO_4^-$ 型体存在，因此可用式（6-5）表示磷酸根静电吸附过程。考虑磷酸根离子水合能较高，与溴离子难以进行离子交换，不纳入相关吸附机制范畴。

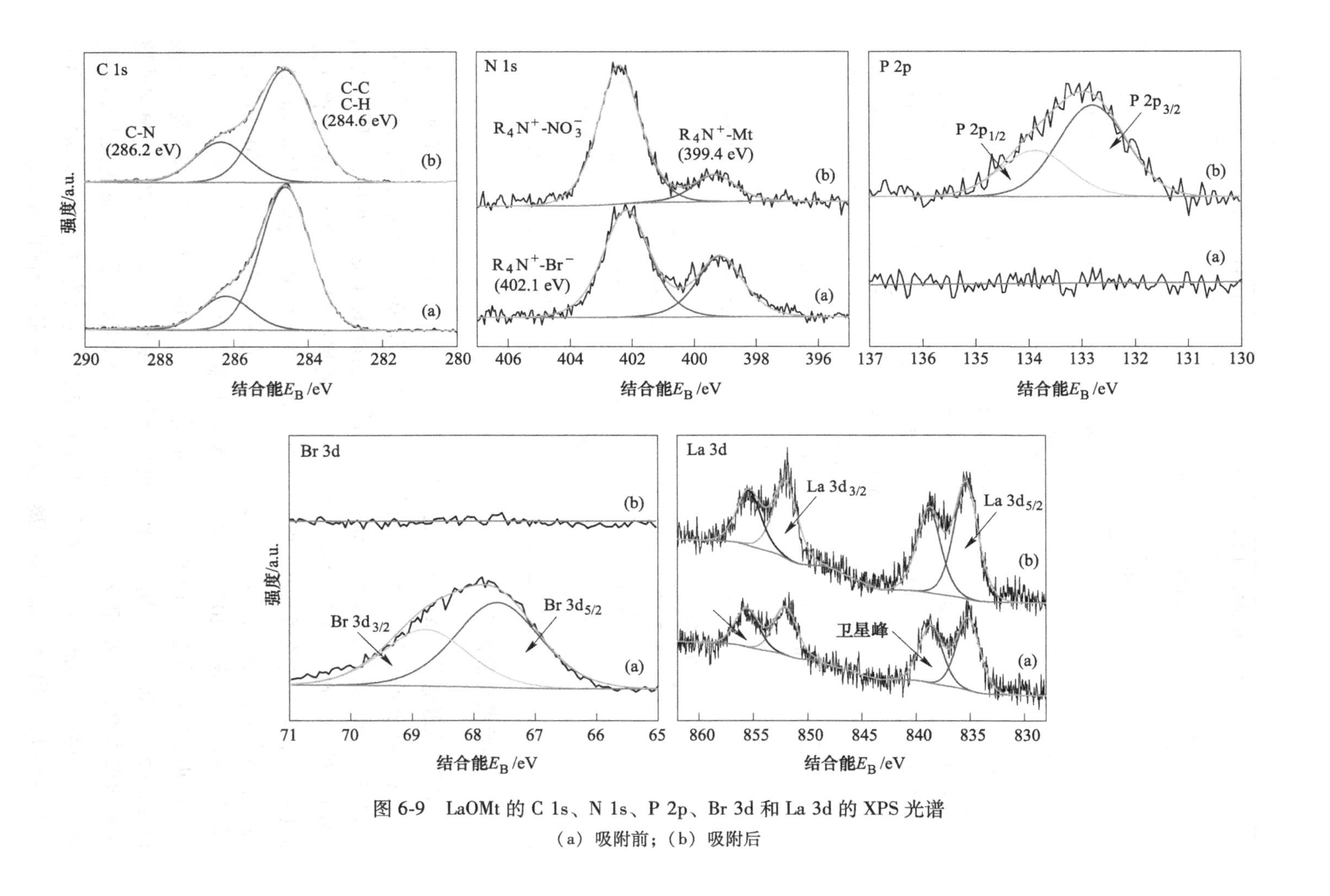

图 6-9 LaOMt 的 C 1s、N 1s、P 2p、Br 3d 和 La 3d 的 XPS 光谱

（a）吸附前；（b）吸附后

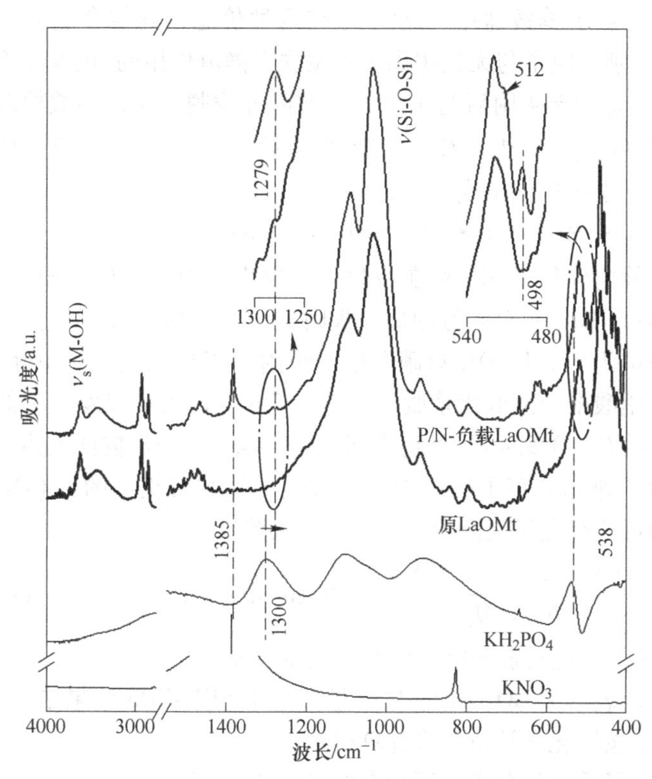

图 6-10 LaOMt 吸附前后及参照物 KH_2PO_4、KNO_3 的 FTIR 光谱

$$\| - La - OH_2^+ + H_2PO_4^- \longleftrightarrow \| - La - H_2PO_4 + H_2O \tag{6-4}$$

$$\| - La - OH_2^+ + H_2PO_4^- \longleftrightarrow \| - La - OH_2^+ \cdots H_2PO_4^- \tag{6-5}$$

不同于磷酸根的吸附，硝酸根难以和金属离子或其他官能团发生络合，LaOMt 对硝酸根的吸附主要归因于与电荷平衡溴离子发生离子交换（见式(6-6)）。吸附后，Br 3d 轨道电子峰的消失以及 N-O 伸缩振动峰（1385cm^{-1}）的出现表明硝酸根与溴离子之间发生了充分的离子交换。该离子交换过程能够在短时间内迅速完成，表现出很高的吸附速率（见表 6-2），主要是因为较多 $-R_4N^+$ 吸附位点分布于蒙脱石的外表面。然而，季铵盐改性蒙脱石对阴离子的吸附速率、吸附容量均与改性剂的分子结构和使用量密切相关。紧致的改性剂分布将导致改性蒙脱石难以再水化膨胀，改性蒙脱石的充分水化以及吸附质向暴露吸附位点的迁移过程都将消耗更多时间，从而观察到更缓慢的吸附速率。另外，由于水化不充分，有些包裹的吸附位点难以被吸附质利用，吸附容量被降低。

$$\| - R_4N^+ \cdots Br^- + NO_3^- \longleftrightarrow \| - R_4N^+ \cdots NO_3^- + Br^- \tag{6-6}$$

在一定浓度下，低水合能阴离子能够取代蒙脱石层与季铵盐的 $-R_4N^+$ 发生静电作用。如图 6-9 所示，双子季铵盐中 N 原子存在两种价态，其结合能分别为 402.1eV 及 399.4eV，分别对应了与无机阴离子和蒙脱石静电作用的$-R_4N^+$。I_{402}/I_{399}比值从吸附前的 1.75 增加至吸附后的 4.58，表明部分蒙脱石层被硝酸根取代与$-R_4N^+$静电作用(见式(6-7))。结合 C 1s 谱吸附前后 $I_{286.2}/I_{284.6}$的比值变化可知，该过程也伴随着双子季铵盐构型或分布的转变。

$$\| -R_4N^+\cdots Mt + NO_3^- \longleftrightarrow \| -R_4N^+\cdots NO_3^- + Mt \qquad (6\text{-}7)$$

假设所有与蒙脱石静电作用的$-R_4N^+$在吸附后均发生脱附并与硝酸根作用，则结合式（6-8）可计算出 LaOMt 对硝氮的最大吸附量，约为 0.87mmol/g。当硝酸根平衡浓度约 3.0mmol/L 时，LaOMt 对硝酸根的吸附量接近该值。而实际上，考虑空间位阻等原因，硝酸根全部取代蒙脱石与$-R_4N^+$静电作用难以发生，如图 6-9 所示吸附后的 N 1s 谱 $E_B = 399.4$ eV 处仍观察到较强峰，进一步佐证上述假设的不可能性。因此，除了熟知的离子交换外，硝酸根可能与带正电的 $LaCO_3OH$ 静电作用或以硝酸盐的形式存在于层间等方式被吸附去除。

$$f = \frac{1000(w - w_2) \times N_N}{N_C \times M_C} = 0.87\text{mmol/g} \qquad (6\text{-}8)$$

式中 w——16.9%，通过元素分析测得的 C 元素含量；

w_2——0.2%，表示 $LaCO_3OH$ 的 C 含量，基于 SEM-EDS 结果中 La 元素含量按照化学计量关系计算得到；

N_N和 N_C——一个双子季铵盐分子中所含有的 C 和 N 原子数；

M_C——12g/mol，表示 C 的相对原子质量。

6.3.5 与其他吸附剂的对比

对污染物吸附速率的快慢是评价吸附剂在工程废水处理可行性的重要考核指标之一，如图 6-6 所示，对比了 LaOMt 与商业销售的 Phoslock®同步脱硝除磷速率。就除磷而言，LaOMt 与 Phoslock®达到饱和磷吸附量所需时间相近，拟合所得速率参数 k_2 值相当。需要说明的是，LaOMt 所吸附的磷酸根要略低于 Phoslock®，归因于两者不同的吸附位点数量与性质：（1）Phoslock®按固液比为 1/100，通过重复将膨润土浸泡于 0.1mol/L 的 $LaCl_3$ 溶液中得到；而 LaOMt 的前驱体 La^{3+}插层蒙脱石采用的 $LaCl_3$ 浓度仅为 0.02mmol/L，固液比为 1/20，仅交换一次。通常 Phoslock®的 La 含量为 4.4%~5%（质量分数），高于 LaOMt 的 2.27%。（2）La 在两种吸附剂中的存在形态不一样，在 Phoslock®中吸附位点为 La^{3+}形式，而在 LaOMt 中则为 $LaCO_3OH$ 晶体，前者很容易与磷酸根形成 $LaPO_4 \cdot nH_2O$ 沉淀，而后者主要通过静电作用（pH_{zpc}值为 9.8 大于 $pH_{solution}$值为 5.0）和配体交换实现磷酸根的吸附。

相比近些年研发的同步脱硝除磷吸附剂（见表 6-4），LaOMt 仍具有相当可观的吸附性能，即使在低浓度、有共存离子存在的情况下仍可保持较好的吸附量。另外，LaOMt 合成方法简单。如前文所述，LaOMt 能够同步脱硝除磷主要是因为 $LaCO_3OH$ 和双子季铵盐的存在。然而，相比 LaOMt，直接将 $LaCO_3OH$ 粉末与双子季铵盐改性蒙脱石物理性混合用于同步脱硝除磷，其效果可能更不理想，主要是因为 $LaCO_3OH$ 颗粒难以从溶液中分离，并且容易受实际水体中共存有机质的影响。因此，面对被磷酸根与硝酸根不同程度污染的水体，后续可从 La 含量与形态、双子季铵盐分子结构、La 与双子季铵盐使用量比等方面进行优化。

表 6-4 LaOMt 与其他吸附剂同步脱硝除磷性能对比

吸附剂	实验条件				吸附量 Q/mg · g^{-1}	
	T/K	pH 值	剂量/g · L^{-1}	C_0/mg · L^{-1}	磷酸根	硝酸根
Fe 改性的壳聚糖炭球	n. a.	n. a.	2. 0	150	71. 2	14. 3
$Zr(OH)_x$ 包裹的壳聚糖/高岭土骨架材料	303	n. a.	2. 0	小于 140	40. 6	34. 6
La 掺杂的磁性 rGO	n. a.	4~8	1. 0	小于 200	116	139
壳聚糖接枝的季铵盐树脂	303	n. a.	2. 0	小于 400	181	84
LaOMt	298	5. 0	0. 8	小于 475	37. 2	50. 3

6.4 $FeCl_4^-$ 型双子季铵盐改性蒙脱石的结构特征与同步脱硝除磷应用

6.4.1 合成与吸附

使用的钙基蒙脱石和双子季铵盐 1，4-丁基-双（十二烷基二甲基溴化铵）（gBDDA）与 6.3 节一致。改性前，通过等体积混合 1mol/L 的 $FeCl_3$ 与 4mol/L 的 HCl 并在室温下搅拌 30min 制备 $FeCl_4^-$ 溶液。将 Mt 与 1.0 倍 CEC 量的 gBDDA 溶液室温混合 10h，获得溴离子型双子季铵盐改性蒙脱石（OMt），然后继续将 OMt 分散于 30mL 已制得的 $FeCl_4^-$ 溶液中，室温混合 4h 确保完成二次改性，制得黄色的 $FeCl_4^-$ 功能化双子季铵盐改性蒙脱石，抽滤、冷冻干燥、研磨过筛（200 目）后得到 FeOMt，置于干燥皿中储存备用。

配备含一定浓度的待吸附离子（NO_3^--N 与 PO_4^{3-}-P）溶液，用适宜浓度的盐酸与氢氧化钠调节溶液 pH 值，量取一定体积该溶液于 50mL 离心管中，然后将准确称取的一定量材料添加于离心管中，保持一定固液比，随后将含固液混合物的离心管放入摇床中恒温振荡一定时间，达到设定反应时间后取出，用 0.45μm 滤膜过滤收集滤液，量取部分所得滤液进行稀释显色后，用分光光度计测定溶液中 PO_4^{3-}-P 浓度，同时移取一定体积滤液于 15mL 离心管中，按固液比为 100mg/10mL 添加 NaF（去除 Fe^{3+} 的干扰），将含混合液的离心管置于摇床中恒温振荡 15min，用 0.45μm 滤膜过滤收集滤液，量取部分所得滤液进行稀释后，用分光

光度计测定溶液中 NO_3^--N 浓度。用类似的方法开展吸附剂投加量、pH 值、反应时间、初始浓度、共存离子影响与脱附再生等实验，并与商用聚合氯化铁（PFC）对比，所有实验组均设置两组平行实验。

6.4.2 结构特征

蒙脱石经 gBDDA 插层改性后，001 衍射峰所对应的衍射角（2θ）显著向低角度偏移（见图 6-11），d_{001}增加到 3.33nm，层间扩张 2.37nm。gBDDA 的结构大小参考图 3-2 所示，其总体长度为 3.82nm，两个铵根头部（$-R_4N^+$）为主要改性作用位点。综合对比 OMt 的层间距和 gBDDA 长度，gBDDA 主要以单层石蜡型的排列结构负载在 Mt 层间。对于 FeOMt，001 衍射峰所对应的 2θ 较 OMt 小，d_{001} = 3.44nm，层间扩张至 2.47nm，相比 OMt 增加了 0.1nm，这可能是因为离子半径较大的 $FeCl_4^-$ 替代$-R_4N^+$头部的 Br^-。除此之外，在离子交换过程中，高浓度的 $FeCl_4^-$ 可能会脱附一些与 Mt 表面静电作用较弱的 gBDDA，导致 gBDDA 在层间发生结构重排，表现出更高的 d_{001}值。

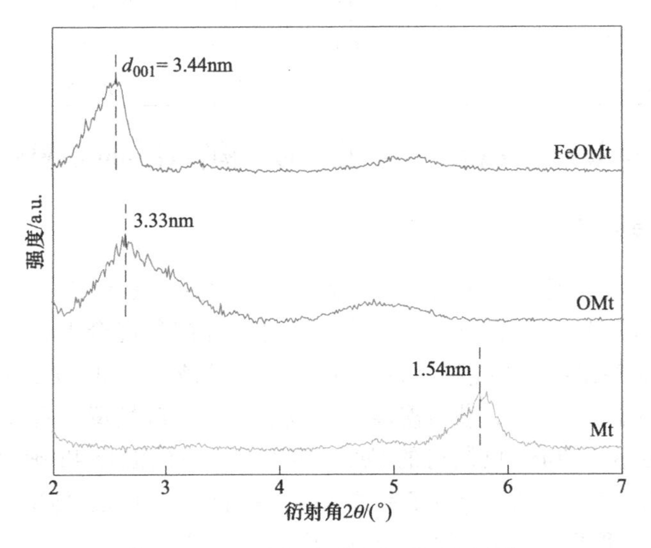

图 6-11 Mt、OMt 和 FeOMt 的 XRD 谱图

FeOMt 和 gBDDA 的 Raman 光谱图如图 6-12 所示。gBDDA 在 2600~3100cm^{-1}之间的特征峰是由 C-H 伸缩振动(ν_s(-CH))引起，此峰在 FeOMt 中也被检测到，说明 Mt 被 gBDDA 成功改性负载。值得注意的是，在 FeOMt 谱图的 328cm^{-1}处出现了一个尖峰。根据研究报道，当 $FeCl_4^-$ 存在液体中或者负载在固体上时，在 328cm^{-1}附近会出现此强峰。此特征峰的出现有力地证明了 $FeCl_4^-$ 在 FeOMt 中的成功负载。

样品的 FTIR 谱图如图 6-13 所示，可观察到典型的 Mt 和 gBDDA 特征峰，各

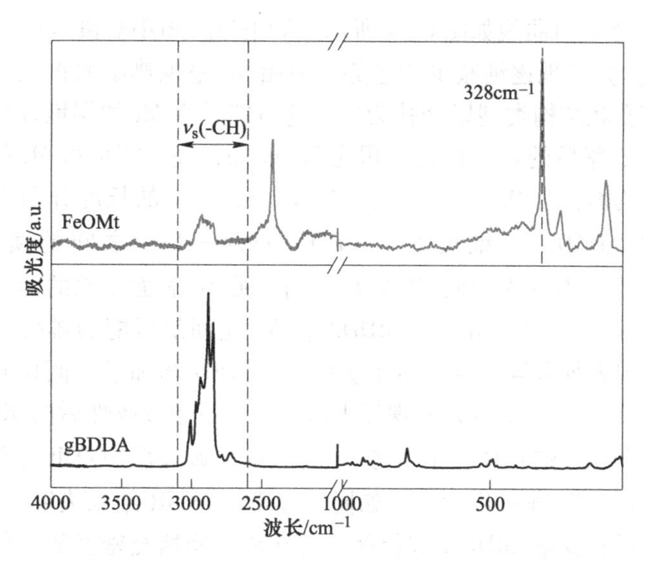

图 6-12 FeOMt 和 gBDDA 的 Raman 谱图

峰归属如图 6-2 所示。OMt 在 $FeCl_4^-$ 改性之后，$\nu_{as}(-CH_2)/\nu_s(Si-O)$ 的强度比有所降低，这可能是由于在 $FeCl_4^-$ 与 Br^- 离子交换改性过程中 gBDDA 的少量释放。然而，FeOMt 改性过程中虽然伴随着 gBDDA 的释放和 $FeCl_4^-$ 的负载，但是相比 OMt，其 $\nu_s(H-O-H)/\nu_s(Si-O)$ 强度比却更低，这说明 OMt 在 $FeCl_4^-$ 改性过后疏水性有所增强。FeOMt 具有更强疏水性的原因可以被解释为：中和 gBDDA 的游离正电头部（$-R_4N^+$）的 Br^- 被具有更低水合能且更强疏水性的 $FeCl_4^-$ 替代。

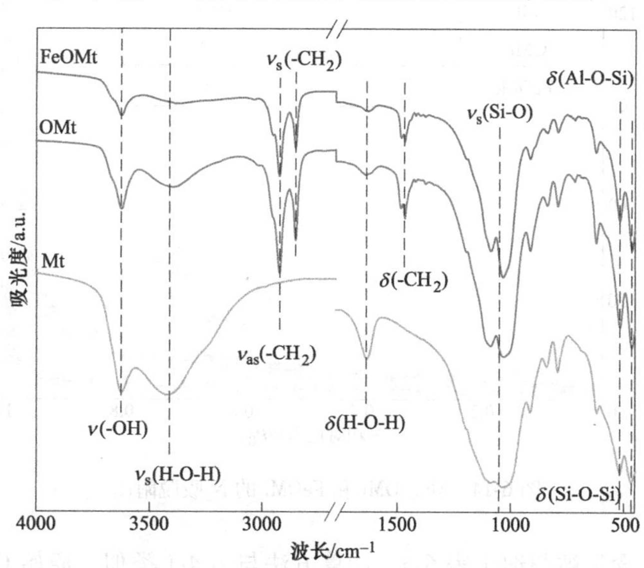

图 6-13 Mt、OMt 和 FeOMt 的 FTIR 谱图

样品的N_2吸脱附曲线如图 6-14 所示。Mt 随着 gBDDA 和 $FeCl_4^-$ 的逐步改性，比表面积（S_{BET}）呈现逐渐减少的趋势。原始 Mt 呈现典型的Ⅳ型等温线的滞后回环，说明其孔状结构类型以介孔为主，这可能是由 Mt 的层堆叠结构造成。原始蒙脱石水化膨胀后的理论比表面积为 750m^2/g，经估算可得 Mt 的阳离子交换位点之间的平均面积为 0.731nm^2，已知$-CH_2$和$-CH_3$ 的长度分别为 0.127nm 和 0.21nm，参照 gBDDA 三维尺寸，gBDDA 的两$-R_4N^+$之间的横截面面积为 0.497nm^2。因此，gBDDA 的两$-R_4N^+$难以同时被 Mt 表面相邻的两个负电荷所中和，同时结合 XRD 的结果分析，gBDDA 在 Mt 层间最可能的排列方式为单层石蜡型。OMt 表现为Ⅲ型等温线，由于 gBDDA 的插层增加了空间位阻，从而导致N_2吸附的通路受阻，Yang 等人发现经十六烷基三甲基铵改性后的 Mt 也表现出更低的比表面积和更大的孔径。相比之下，经 $FeCl_4^-$ 改性后的 OMt 几乎没有滞后回环，说明其层间位阻进一步增大。如同 FeOMt 的 FTIR 结果表明，OMt 经 $FeCl_4^-$ 离子交换改性后有少量 gBDDA 被释放，易导致层间填充密度的降低，这也许会给 N_2吸附产生一些通路，但 FeOMt 的比表面积却进一步减小，这与在 Mt 层间 gBDDA 的结构重新排列有着紧密的联系，这个结果与 XRD 层间距增加结果一致。根据文献报道，阳离子表面活性剂改性 Mt 的 S_{BET}是由层间表面活性剂的排列方式和填充密度决定的。因此，为明确改性蒙脱石中的表面活性剂含量及其排列构型之间的关系，需要准确测定 OMt 和 FeOMt 的 gBDDA 量。

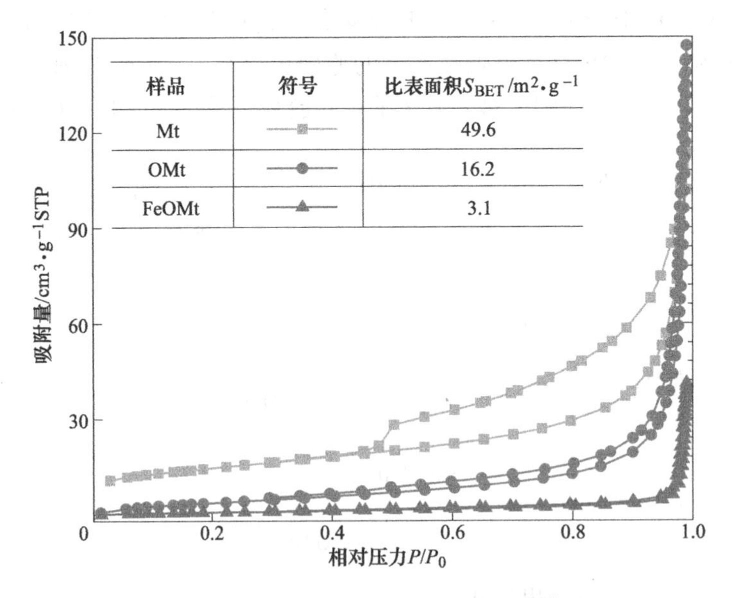

图 6-14 Mt、OMt 和 FeOMt 的 N_2吸脱附图

样品的 C 含量被归纳于表 6-5，计算方法与表 4-1 类似。原始 Ca-Mt 的 C 含

量为0.082%，这可能是因为微量的有机杂质的存在。当gBDDA负载在Mt上后，OMt和FeOMt的C含量分别增加到21.4%和20.7%，FeOMt内C含量相对较少是由于$FeCl_4^-$改性OMt的过程中少量分布于外表面的gBDDA溶出，这个结果与FTIR的$-CH_2$振动强度减弱结果相符。在OMt和FeOMt上，单位质量Mt负载gBDDA量的范围分别为0.73～0.87mmol/g和0.73～1.03mmol/g。对于OMt，gBDDA的添加量（0.91mmol/g）高于最大负载值（0.87mmol/g），但因Mt表面的两两负电荷位点间隔距离通常大于gBDDA两个$-R_4N^+$的间距，插层的gBDDA头部$-R_4N^+$会通过静电作用优先负载在负电位点上。因此，在OMt中gBDDA的主要排列方式为，其中一个$-R_4N^+$锚定在Mt负电荷位点上，而另一个则通过静电作用与游离Br^-中和。对于FeOMt，gBDDA的添加量与负载量0.85mmol/g（当一个$-R_4N^+$负载在Mt负电荷位点上，另一个通过静电作用与游离$FeCl_4^-$中和）相近，同时其层间距在OMt基础上只发生轻微扩张，证明FeOMt与OMt层间gBDDA可能具有相似的排列方式。

表6-5 Mt、OMt和FeOMt的gBDDA含量

样品	f①/%	X(mmol/gOMt/FeOMt)	Y/mmol·g^{-1}	gBDDA添加量/mmol·g^{-1}
Mt	0.082		—	0.91
OMt	21.4	0.56	0.73～0.87	
FeOMt	20.7	0.54	0.73～1.03	

① C含量，由CS元素分析仪测定。

样品的TG和DTG曲线如图6-15所示。由于样品在开始测定前于40℃环境下稳定2h，导致表面吸附水有所减少。原始Mt出现两个阶段的质量损失，在第一阶段，低于150℃的质量损失主要源于表面吸附水和阳离子水合水的蒸发。在第二阶段，150～900℃的质量损失归因于蒙脱石的结构层羟基分解（2.8%）。相比之下，对于OMt和FeOMt，gBDDA对Mt插层，Ca^{2+}被替换，层间存在的强疏水性$gBDDA^{2+}$有效减少阳离子水合水。此外，OMt和FeOMt在150～500℃还出现两个大幅度的质量损失，这是由于在不同位置分布的、不同形式的gBDDA裂解所造成。OMt在150～310℃和310～500℃的质量损失分别是由Mt表面（20.1%）和层间（8.1%）的gBDDA分解引起。值得注意的是，经$FeCl_4^-$改性后的OMt内有机物的分解需要更高的热解温度，表现更优越的热稳定性，说明FeOMt有望成为阻燃复合材料的优良添加剂。

SEM-EDS可以得到样品逐步改性过程中形貌和化学组分的变化，Mt、OMt和FeOMt的SEM图和对应的EDS微区扫描点位如图6-16所示，基于EDS测定的原子分数被归纳在表6-6。Mt改性前后的形状结构均保持片层堆叠状，即使在酸性$FeCl_4^-$溶液中改性得到FeOMt也未能发生明显的改变，这源于Mt结构的高稳

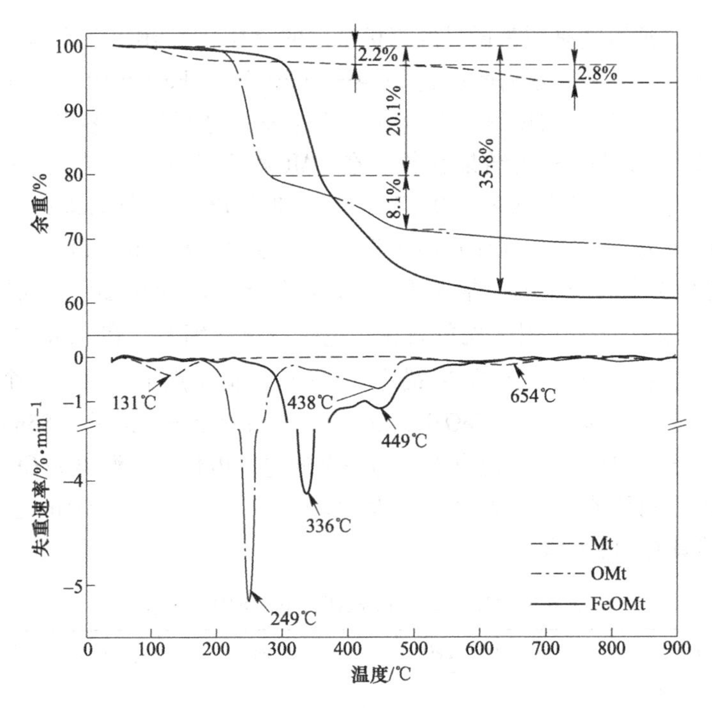

图 6-15 Mt、OMt 和 FeOMt 的 TG 图

图 6-16 Mt、OMt 和 FeOMt 的 SEM 图

(a) Mt；(b) OMt；(c) FeOMt

定性，但是经 gBDDA 改性所得的 OMt 和 FeOMt 表面有更明显的疏松薄片状，因为 gBDDA 在层间起到柱撑作用。在 Mt 首次改性过程中，随着 Ca^{2+} 被 gBDDA 插层取代，gBDDA 的特征元素（C 和 N）被引入 OMt 中，导致 OMt 中的 Ca^{2+} 显著减少并出现高碳、氮含量比。相比 OMt，基于 $FeCl_4^-$ 的负载，FeOMt 有相对较高的 Fe^{3+} 和 Cl^- 的百分数。

表 6-6 Mt、OMt 和 FeOMt 的元素百分比（基于 EDS 半定量分析）

元素	原子分数/%		
	Mt	OMt	FeOMt
C	—	52.3±3.67	43.8±1.64
N	—	7.10±0.61	7.99±0.92
O	73.6±0.73	33.5±2.30	38.5±1.27
Na	0.09±0.08	0.05±0.01	0.02±0.01
Mg	1.94±0.10	0.56±0.17	0.45±0.10
Al	5.68±0.59	2.34±0.78	1.42±0.26
Si	17.2±0.65	4.03±1.02	4.85±1.20
Ca	0.68±0.09	0.01±0.00	0.01±0.01
Fe	0.78±0.11	0.10±0.02	0.88±0.27
Cl	—	—	2.14±0.28

样品的 XPS 总谱以及 N 1s、P 2p、Fe 2p 电子的精细谱图如图 6-17 所示。相

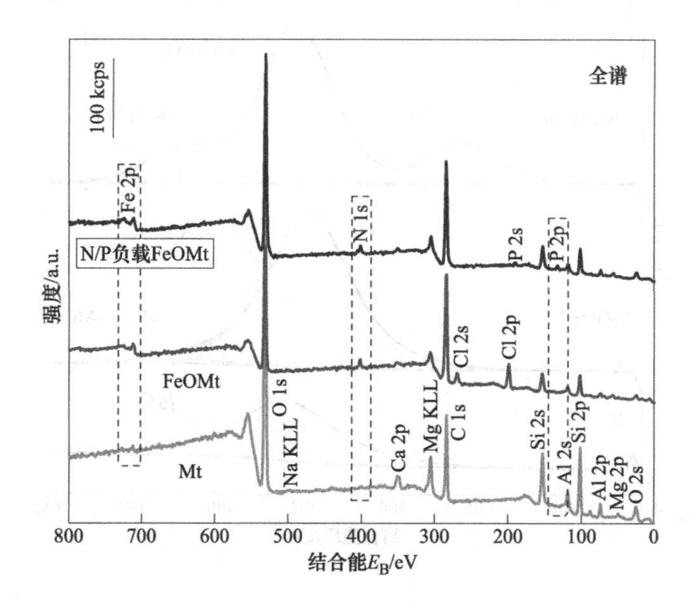

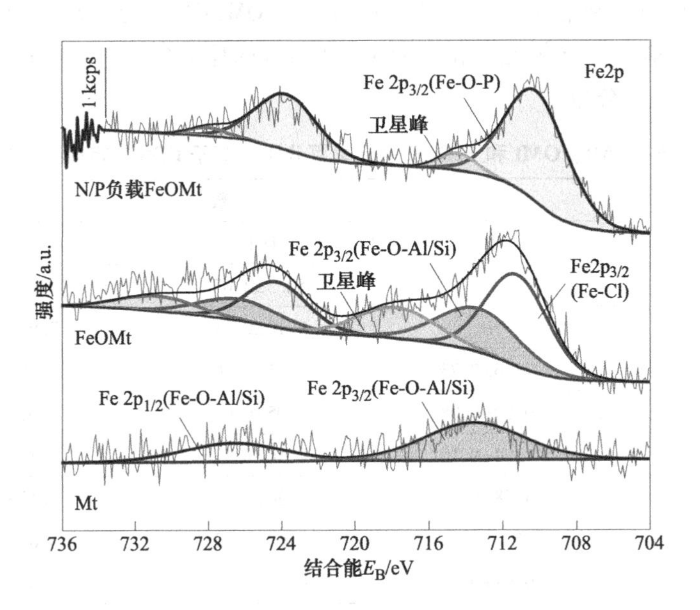
1 kcps
Fe2p
Fe 2p3/2(Fe-O-P)
卫星峰
N/P负载FeOMt
Fe 2p3/2(Fe-O-Al/Si)
卫星峰
Fe2p3/2
(Fe-Cl)
FeOMt
Fe 2p1/2(Fe-O-Al/Si)
Fe 2p3/2(Fe-O-Al/Si)
Mt
强度/a.u.
736
732
728
724
720
716
712
708
704
结合能EB/eV

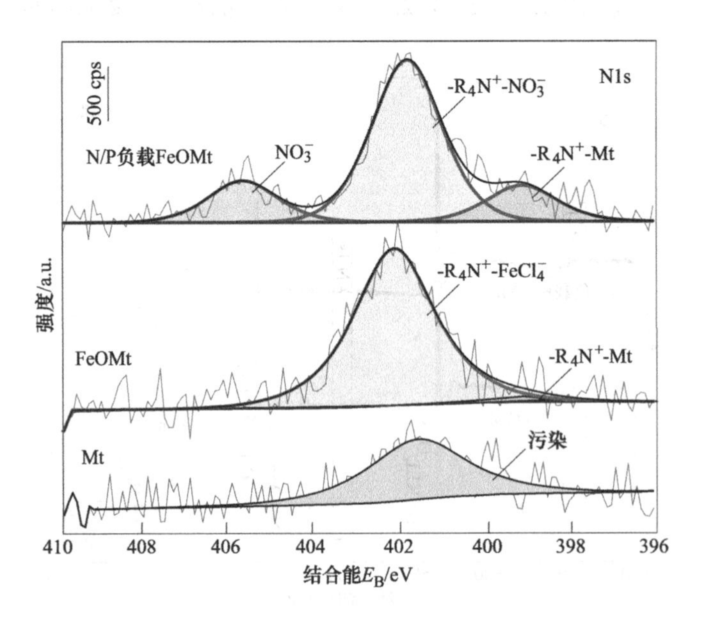
500 cps
N1s
-R4N+-NO3-
N/P负载FeOMt
NO3-
-R4N+-Mt
-R4N+-FeCl4-
FeOMt
-R4N+-Mt
Mt
污染
强度/a.u.
410
408
406
404
402
400
398
396
结合能EB/eV

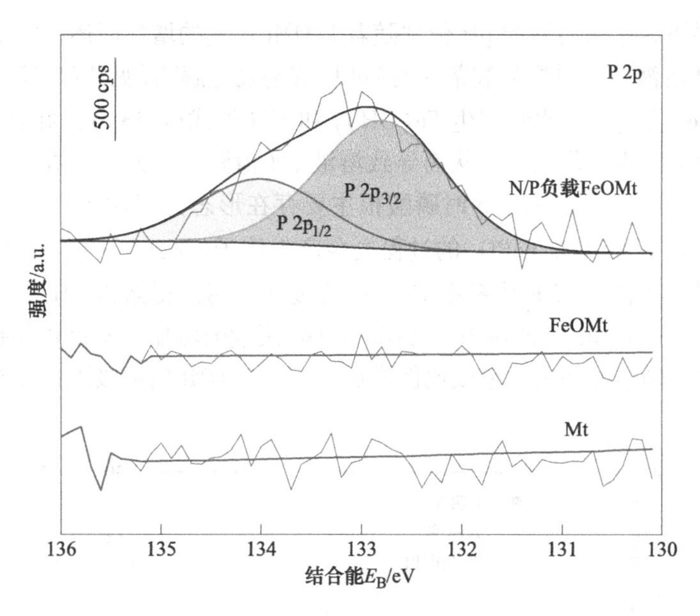

图 6-17 Mt、FeOMt 和 N/P 负载 FeOMt 的 XPS 图

比原始 Mt 元素（Mg、Al、Si 等）的轨道电子峰，在 FeOMt 的总谱中可以清晰发现 Fe 2p、N 1s、Cl 2s 和 Cl 2p 等新峰。通过对样品的特征元素进行精细谱分峰拟合处理后对比分析发现，由于 $FeCl_4^-$ 的负载，FeOMt 中除了含有 Mt 结构的铁氧化物峰（Fe—O—Al/Si）以外，还在结合能 711. 5 ev 附近出现新的 Fe—Cl 峰。在原始 Mt 中发现了 N 1s 弱峰，这可能是由于测试过程中样品受污染导致，而 FeOMt 在结合能 402. 1 eV 和 399. 1 eV 中的两个峰分别源自与 $FeCl_4^-$ 和 Mt 相互作用的 $-R_4N^+$。$-R_4N^+$ 与蒙脱石的相互作用强度明显弱于 $-R_4N^+$ 与 $FeCl_4^-$ 的结合强度，说明大部分 $-R_4N^+$ 与 $FeCl_4^-$ 结合，少量 $-R_4N^+$ 锚定在 Mt 层上。氮磷吸附后的改性蒙脱石（N/P-loaded FeOMt）谱图信息将在 6. 4. 3. 8 节进行详细讨论。

6. 4. 3 氮、磷吸附特征与机制

6. 4. 3. 1 投加量对氮、磷吸附的影响

图 6-18 展示了在单独 NO_3^--N（SN）、单独 PO_4^{3-}-P（SP）、NO_3^--N 与 PO_4^{3-}-P 共存（C@ NP）体系下 FeOMt 投加量对 N 和 P 的吸附影响。随着 FeOMt 投加量的增加，N 和 P 的吸附量逐渐减少，因为有更多吸附位点和络合位点提供给固定浓度的硝酸根和磷酸根，相比低投加量，高投加量下吸附或络合位点利用不充分。由于 $FeCl_4^-$ 改性 OMt 的过程是在强酸条件下进行，Mt 表面羟基被质子化（见式(6-9)），因此，$FeCl_4^-$ 在 FeOMt 上的负载归因于与 Br^- 的离子交换（见式(6-10)）以及与质子化羟基的静电吸引（见式(6-11)）。无论在 SN、SP，还是在

C@NP 体系下，平衡溶液的 pH 值都随着 FeOMt 用量的增加而逐渐降低。这是因为在 N 和 P 溶液中，脱离强酸条件的 $FeCl_4^-$ 容易发生解离(见式(6-12))，同时解离生成的 Fe^{3+} 会进一步水解产生 $Fe(OH)_3$ 和 H^+(见式(6-13))，并且 Mt 的质子化羟基会发生脱质子化反应，从而导致溶液 pH 值降低。此外，在 SP 和 C@NP 体系中，$H_2PO_4^-$（pH 值大于 3 时磷酸根主要存在形态为 $H_2PO_4^-$）少量解离产生的 PO_4^{3-} 与 Fe^{3+} 反应生成 $FePO_4$ 的过程也会产生质子(见式(6-14))。然而，相比 SN 体系，在 SP 和 C@NP 体系中 $H_2PO_4^-$ 的缓冲作用使得溶液 pH 值下降幅度较小。此外，在一元和二元体系中，随着 FeOMt 用量的增加，N 和 P 都有着相似的去除率变化，硝酸根的去除率成比例增加，说明 FeOMt 内的吸附位点有利于硝酸

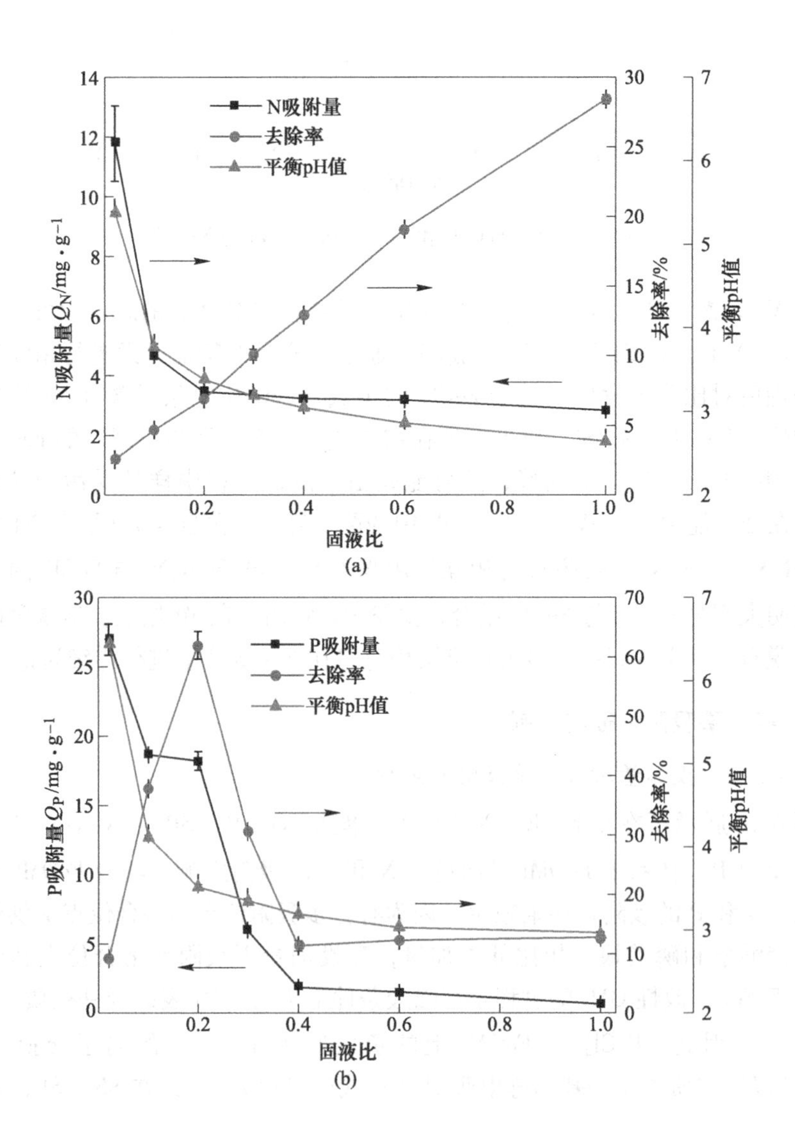

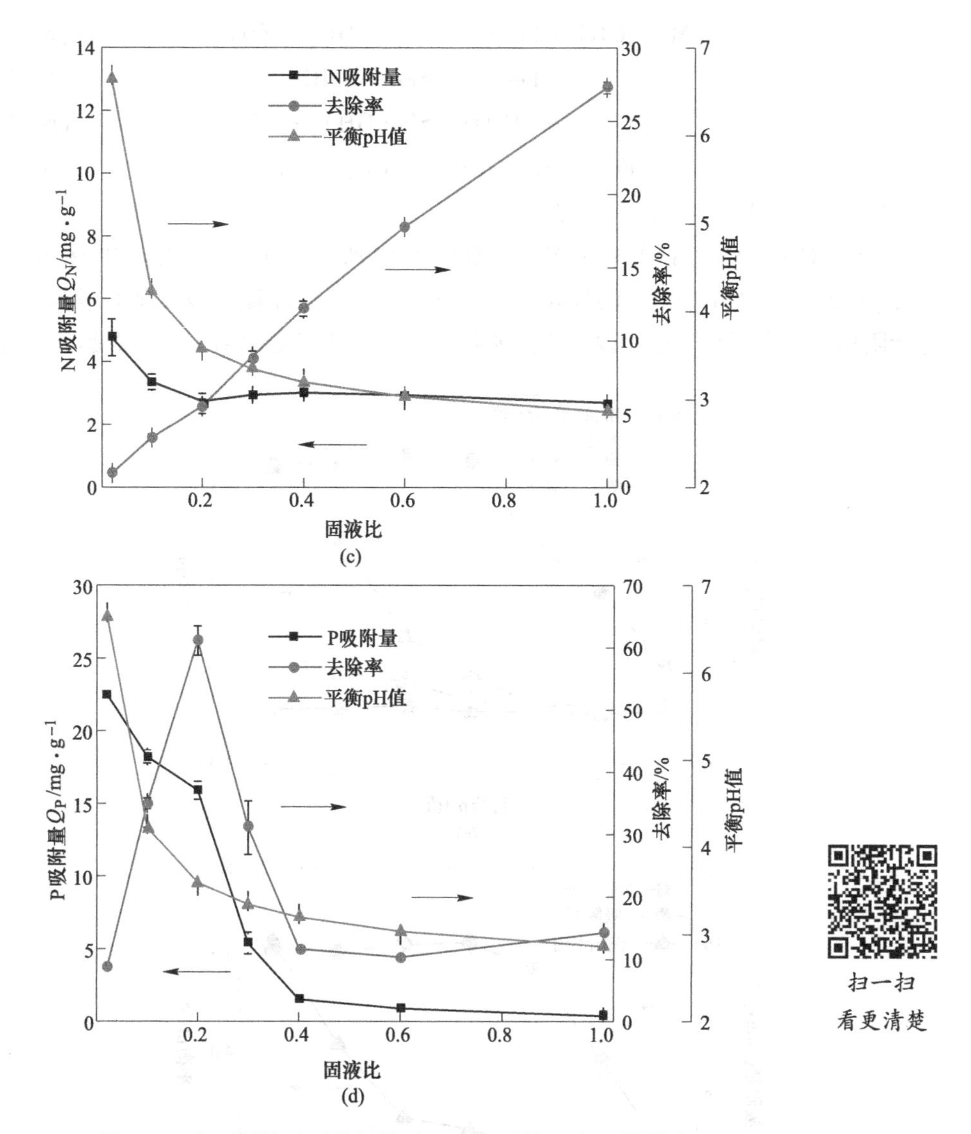

图 6-18 在不同体系下投加量对 FeOMt 吸附 N 和 P 的影响

(a) 单独 N 体系 SN; (b) 单独 P 体系 SP; (c), (d) N 与 P 共存体系 C@ NP

($[N]_0=10$mg/L, $[P]_0=5$mg/L, 固液比为(1~50)mg/50 mL, pH 值为 7, $T=25$℃, $t=60$min)

根的去除，而对于磷酸根，无论是在 SP 或 C@ NP 中，磷酸根的去除率都是先快速增加后迅速下降。当固液比为 0.2mg/mL 时，在 SP 和 C@ NP 得到相近的磷酸根去除率最大值，分别为 62.0%和 61.2%。

$$\text{Mt-OH} + H^+ \longleftrightarrow \text{Mt-OH}_2^+ \quad (6\text{-}9)$$

$$\text{Mt-R}_4N^+\cdots Br^- + FeCl_4^- \longleftrightarrow \text{Mt} - R_4N^+\cdots FeCl_4^- + Br^- \quad (6\text{-}10)$$

$$Mt - OH_2^+ + FeCl_4^- \longleftrightarrow Mt - OH_2^+ \cdots FeCl_4^- \tag{6-11}$$

$$FeCl_4^- \longleftrightarrow Fe^{3+} + 4Cl^- \tag{6-12}$$

$$Fe^{3+} + 3H_2O \longleftrightarrow Fe(OH)_3 + 3H^+ \tag{6-13}$$

$$Fe^{3+} + H_2PO_4^- \longleftrightarrow FePO_4 + 2H^+ \tag{6-14}$$

6.4.3.2 pH 值对氮、磷吸附的影响

pH 值对 FeOMt 吸附 N 和 P 的影响如图 6-19 所示。在 SN 和 C@ NP 体系中，溶液 pH 值对 FeOMt 吸附硝酸根几乎没有影响，因为如高氯酸根和硝酸根等低水合能阴离子，它们在季铵盐改性黏土矿物上的吸附普遍是由离子交换引起的，这

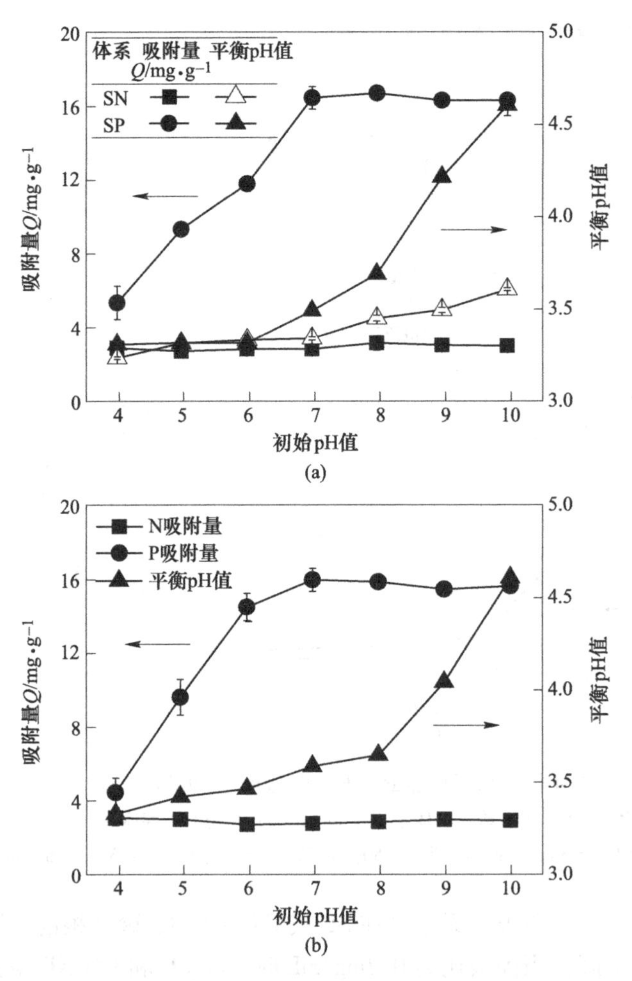

图 6-19 在不同体系下 pH 值对 FeOMt 吸附 N 和 P 的影响

(a) 单独 N 体系 SN 与单独 P 体系 SP；(b) N 与 P 共存体系 C@ NP

($[N]_0$=10mg/L，$[P]_0$=5mg/L，固液比为 10mg/50mL，pH 值为 4~10，T=25℃，t=60min)

些阴离子不随溶液 pH 值变化而稳定存在。相比之下，对于含 P 溶液，当初始 pH 值从 4 增加到 7 的过程中，P 的吸附量在逐渐增加，而当溶液初始 pH 不小于 7 时，吸附量基本达到平衡。考虑到随着溶液 pH 值变化下，不同形态的磷酸根可能对吸附造成影响，因此通过 Visual MINTEQ 3.1 模拟绘制了磷酸根随溶液 pH 值变化的形态分布图。本研究体系的平衡 pH 值范围在 3.3~4.6，此区间内的磷酸根主要以 $H_2PO_4^-$ 存在于溶液中。因此，在溶液不同初始 pH 值下，$FeCl_4^-$ 解离所得 Fe^{3+} 的水解程度差异可用于解释 FeOMt 对 P 去除的影响，在高 pH 值下存在较多的 OH^- 有助于 Fe^{3+} 水解反应的发生和磷酸盐的去除。在平衡 pH 值高于 3.5 的含 P 体系中，FeOMt 释放出的 Fe^{3+} 可能充分水解，形成无定形沉淀 $Fe(OH)_3$（见式(6-13)），通过吸附、络合等作用捕获 $H_2PO_4^-$。

6.4.3.3 时间对氮、磷吸附的影响

图 6-20 所示为在三种不同浓度的 SN、SP 和 C@NP 体系下，时间对 FeOMt 吸附 N 和 P 的影响。FeOMt 在不同浓度的多种体系中对 N 和 P 的吸附都是迅速完成的，基本在 5min 内达到平衡。磷酸根的去除速率与美国 Thistleton 等人的研究结果相似，在 2min 内 Fe（Ⅲ）对初始浓度为 6mg/L 的磷酸根去除率超过 50%。然而，美国 Bagherifam 等人发现传统季铵盐改性蒙脱石单独吸附硝酸根的平衡时间为 120min。硝酸盐和磷酸盐的初始浓度越高，N 和 P 的吸附量越大，但吸附平衡时间几乎不受初始浓度的影响。相比 C@NP 体系，在 SN 和 SP 体系下 N 和 P 的吸附量具有相似的结果，这表明 FeOMt 对硝酸根和磷酸根的去除不存在协同或拮抗作用，互不影响。$FeCl_4^-$ 的解离水解有利于硝酸根与 $-R_4N^+$ 静电作用（见式(6-15)），表现出快速的离子交换过程。与此同时，伴随着铁絮凝体的形成和质子化羟基的配体交换作用与静电吸引，$H_2PO_4^-$ 也被快速捕获去除（见式(6-16)和式(6-17)）。

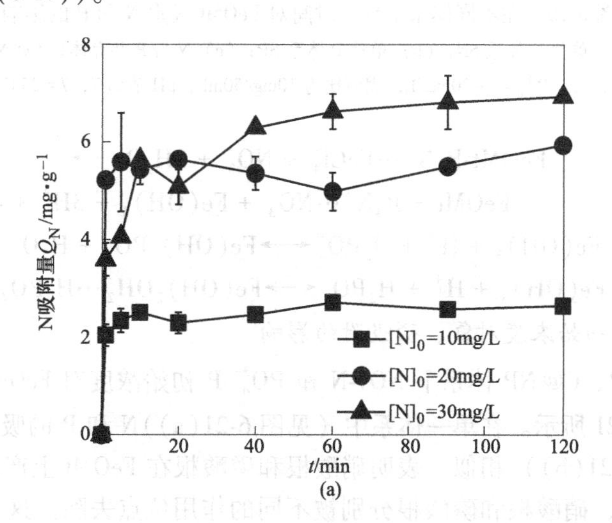

(a)

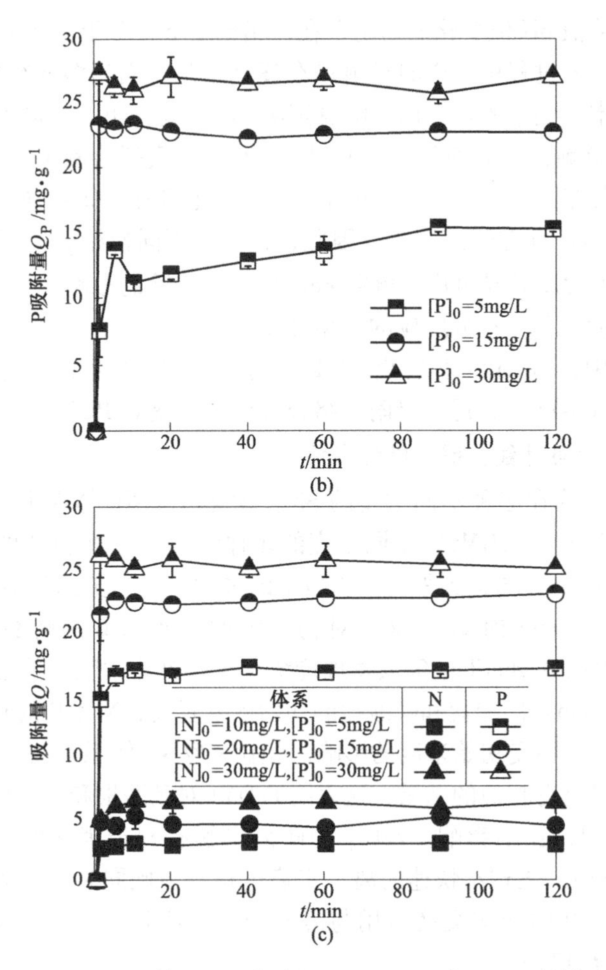

图 6-20 在不同体系下反应时间对 FeOMt 吸附 N 和 P 的影响

(a) 单独 N 体系 SN；(b) 单独 P 体系 SP；(c) N 与 P 共存体系 C@NP

([N]$_0$=10~30mg/L，[P]$_0$=5~30mg/L，固液比为 10mg/50mL，pH 值为 7，T=25℃，t=1~120min)

$$FeOMt\text{-}R_4N^+\cdots FeCl_4^- + NO_3^- + 3H_2O \longleftrightarrow$$

$$FeOMt - R_4N^+\cdots NO_3^- + Fe(OH)_3 + 3H^+ + 4Cl^- \quad (6\text{-}15)$$

$$Fe(OH)_3 + H^+ + H_2PO_4^- \longleftrightarrow Fe(OH)_2PO_4 + H_2O \quad (6\text{-}16)$$

$$Fe(OH)_3 + H^+ + H_2PO_4^- \longleftrightarrow Fe(OH)_2OH_2^+\cdots H_2PO_4^- \quad (6\text{-}17)$$

6.4.3.4 初始浓度对氮、磷吸附的影响

在 SN、SP、C@NP 体系下 NO_3^--N 和 PO_4^{3-}-P 初始浓度对 FeOMt 吸附 N 和 P 的影响如图 6-21 所示。在单一体系中（见图 6-21(a)）N 和 P 的吸附结果与共存体系（见图 6-21(b)）相似，表明硝酸根和磷酸根在 FeOMt 上产生的竞争吸附效应可以忽略，硝酸根和磷酸根分别被不同的作用位点去除。这个结果解释与

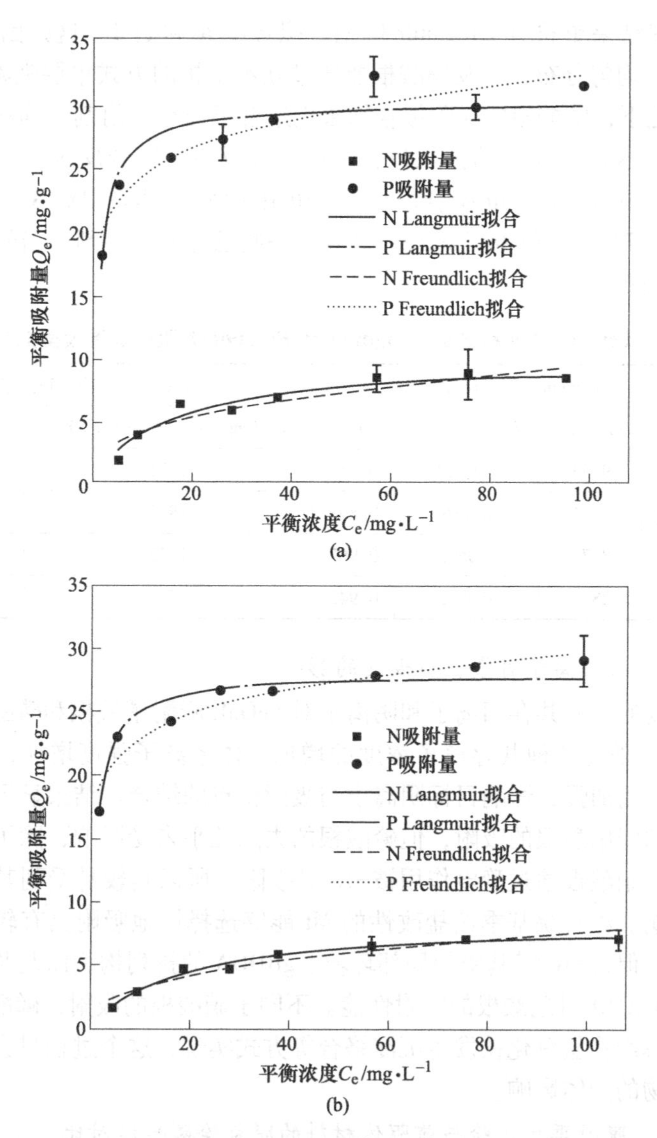

图 6-21 在不同体系下初始浓度对 FeOMt 吸附 N 和 P 的影响

(a) 单独 N 体系 SN 与单独 P 体系 SP；(b) N 与 P 共存体系 C@NP

($[N]_0$=4.9~108mg/L, $[P]_0$=5.1~105mg/L, 固液比为 10mg/50mL, pH 值为 7, T=25℃, t=60min)

式 (6-15)~式 (6-17) 所提出的去除机理一致，具有低水合能的硝酸根被 $FeCl_4^-$ 解离后释放的$-R_4N^+$选择性吸附，磷酸根被水解的铁絮凝体有效固定。单组分体系的 Langmuir 和 Freundlich 吸附等温线模型被应用于拟合实验数据，所得拟合参数被归纳在表 6-7 中。由于硝酸根和磷酸根的吸附位点不同，两者之间没有显著的相互影响，因此不考虑多元体系的竞争吸附拟合模型。在 SN 和 C@NP 体系下硝酸根的吸附结果更符合 Langmuir 模型，拟合度 R^2 接近 1。这归因于 FeOMt 上 $-R_4N^+$ 基团的均匀分布，以及硝酸根能通过互不干扰的方式单层吸附于 $-R_4N^+$ 位点上。相比之下，磷酸根的吸附拟合结果更适合于描述吸附剂非均相吸附的 Freundlich 模型，这是因为 P 的去除包含了如沉淀反应、络合反应、静电相互作用等多种方式。根据 Langmuir 拟合得到 FeOMt 在 C@ NP 体系中对 N 和 P 的饱和吸附量分别是 8. 77mg/g 和 28. 1mg/g，具有与一些已开发吸附剂相当的同步脱硝除磷性能（见表 6-4）。

表 6-7 FeOMt 对 N 和 P 的 Langmuir 和 Freundlich 吸附等温模型拟合参数

体系		Langmuir 等温吸附模型			Freundlich 等温吸附模型		
		$Q_{max}/mg \cdot g^{-1}$	$K_L/L \cdot mg^{-1}$	R^2	$K_F/(mg \cdot g^{-1})(L \cdot mg^{-1})^{1/n}$	$1/n$	R^2
一元体系	N	9. 93	0. 0620	0. 917	1. 71	0. 366	0. 846
	P	30. 1	0. 786	0. 868	18. 2	0. 124	0. 930
二元体系	N	8. 77	0. 0595	0. 962	1. 53	0. 357	0. 889
	P	28. 1	0. 852	0. 942	17. 8	0. 112	0. 937

6. 4. 3. 5 共存离子对氮、磷吸附的影响

不同浓度的各种共存阳离子和阴离子对 FeOMt 吸附硝酸根和磷酸根的影响如图 6-22 所示。随着各种共存离子浓度的增加，体系离子强度增加，阴离子之间的竞争吸附作用加强，影响目标阴离子与吸附位点的结合。结果显示共存离子浓度的增加会削弱硝酸根的吸附，但磷酸根的去除几乎未受影响，除了碳酸氢盐和醋酸盐以外。硝酸根通过静电作用被 $-R_4N^+$ 吸附，所以其较易受到其他阴离子的竞争吸附影响。尽管烷基季铵盐改性的 Mt 能够选择性地吸附具有较低水合能的硝酸根离子，但是 $-R_4N^+$ 基团的局部环境、gBDDA 的排列构型以及共存离子的性质均会影响 FeOMt 对硝酸根的吸附性能。不同于硝酸根的吸附，磷酸根的去除主要通过与水解产物氢氧化铁发生沉淀络合等方式实现，这个过程只会受能与铁离子形成络合物的配体影响。

6. 4. 3. 6 脱附再生实验与前驱体材料的脱氮除磷性能对比

用 0. 1mol/L 的 HCl 和 0. 5mol/L 的 $FeCl_4^-$ 溶液对吸附硝酸根和磷酸根后的 FeOMt 进行脱附再生实验。脱附再生次数与再生 FeOMt 的脱硝除磷效果关系如图 6-23 所示，以原始 FeOMt 吸附效果为对照，由于 gBDDA 的少量释放，首次再生后的 FeOMt 对 P 的吸附量部分减少，并且减少量随着再生次数的增加而逐渐降低。FeOMt 首次再生后再用于吸附时所溶出的 $gBDDA^{2+}$ 量为 4. 2mg/L，随着再生次数的增加，表面活性剂的释放量也在逐渐减少。再生三次后的 FeOMt 对 P 的吸附量相当于对照组的 66%。类似地，这种减少趋势也被发现在 N 的吸附结果中。gBDDA 从 FeOMt 的释放也许是因为在材料合成过程中缺少清洗步骤，以及

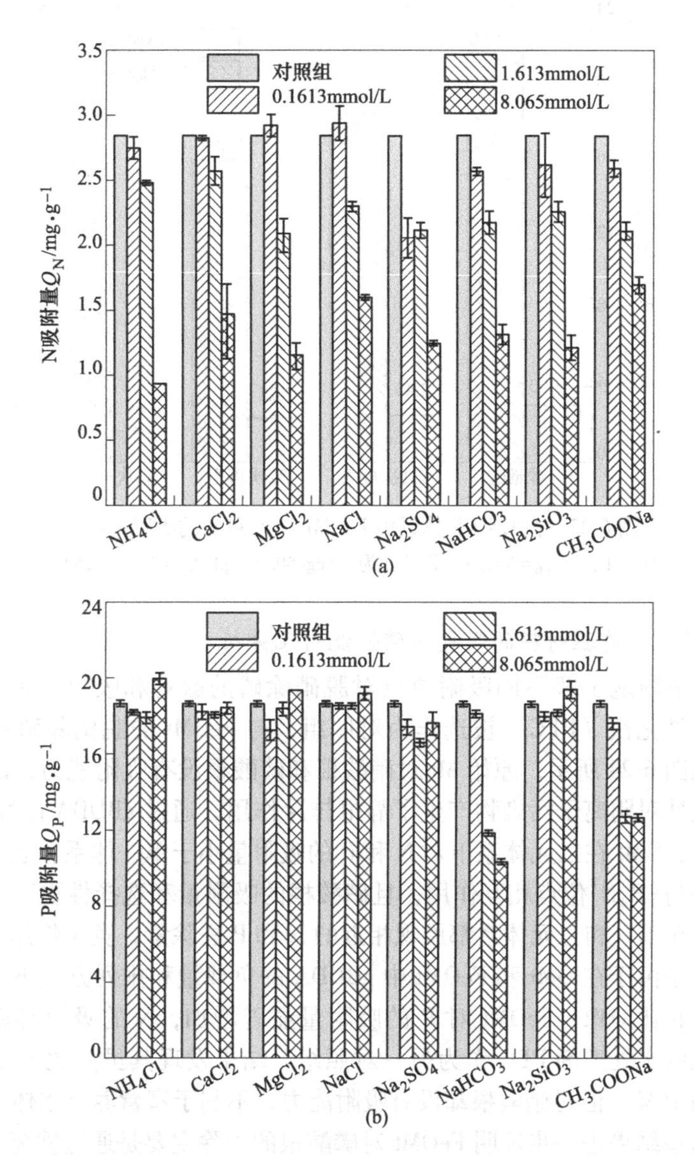

图 6-22 在不同体系下共存离子对 FeOMt 同步吸附 N 和 P 的影响

(a) N 吸附量；(b) P 吸附量

($[N]_0$=10mg/L，$[P]_0$=5mg/L，[coexisting ion]$_0$=0.1613mmol/L，1.613mmol/L 和 8.065mmol/L，固液比 10mg/50mL，pH 值为 7，T=25℃，t=60min)

OMt 在 $FeCl_4^-$ 溶液改性过程中内部 gBDDA 发生结构重排。结果表明，由于再生后 FeOMt 内$-R_4N^+$吸附位点和重新负载 $FeCl_4^-$ 的减少，从而导致重复利用时硝酸根和磷酸根的吸附量降低。

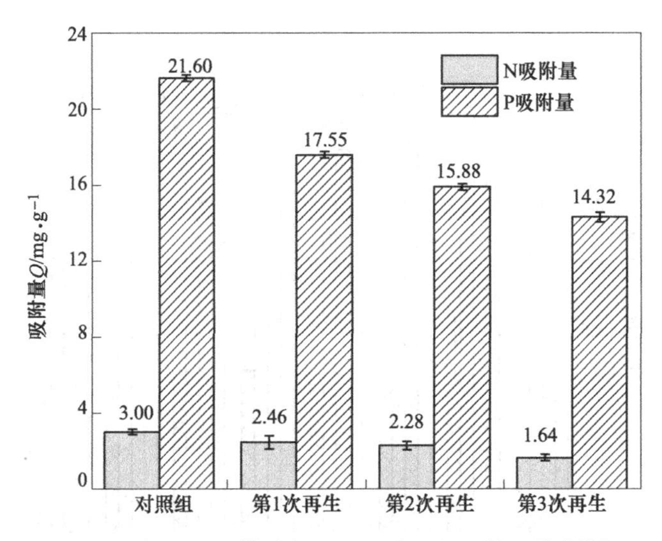

图 6-23 在 C@NP 体系中 FeOMt 对 N 和 P 的吸脱附特征

（$[N]_0$=10mg/L，$[P]_0$=5mg/L，固液比为 10mg/50mL，pH 值为 7，T=25℃，t=60min）

6.4.3.7 与前驱材料的脱氮除磷性能对比分析

为了更清晰地了解不同吸附位点对脱硝除磷的影响和吸附机理，原始 Mt、OMt 和聚合氯化铁（PFC）被选作为对照组，与 FeOMt 的脱硝除磷效果进行对比，结果如图 6-24 所示，原始 Mt 对硝酸根和磷酸根没有吸附能力，因为其结构表面的负电性对阴离子污染物产生了静电排斥作用。通过 gBDDA 改性后，Mt 表面呈正电性，OMt 在二元体系下对 N 和 P 的吸附量小于单一体系，表明硝酸根和磷酸根竞争与$-R_4N^+$位点相互作用，且硝酸根的吸附量和选择性更高。然而，对于 FeOMt，在单一和二元体系都展现相近的 N 和 P 去除量，竞争作用几乎可以忽略。这可能是由于在 OMt 和 FeOMt 中 gBDDA 的负载量和排列方式不同引起的差异。此外，相比 OMt，FeOMt 对 P 的吸附量显著增加，N 的吸附轻微减弱。同时，以常见的水处理剂 PFC 作为另一对照组，结果发现其虽然比 FeOMt 的磷酸根吸附量高 10%，但对硝酸根却没有吸附能力，不利于富营养化水体氮、磷的同步去除。这些结果进一步证明 FeOMt 对磷酸根的去除主要是通过铁离子的沉淀和水解，硝酸根的吸附主要是源于$-R_4N^+$基团的静电作用。

6.4.3.8 改性和同步脱硝除磷机理

FeOMt 的改性和脱硝除磷机理示意图如图 6-25 所示，原始 Mt 分别逐步通过 $gBDDA^{2+}$对 Ca^{2+}和 $FeCl_4^-$ 对 Br^-进行离子交换改性。为便于观察，仅选用一层 Mt 界面层来呈现该过程。图 6-17 中所示 FeOMt 的 N 1s 谱图表明，分别与 $FeCl_4^-$ 和 Mt 静电平衡的$-R_4N^+$基团摩尔比约为 32，说明在检测深度范围内大多数$-R_4N^+$基团被 $FeCl_4^-$ 中和电位。OMt 在 $FeCl_4^-$ 溶液改性过程中，由于大量低水合能的 $FeCl_4^-$

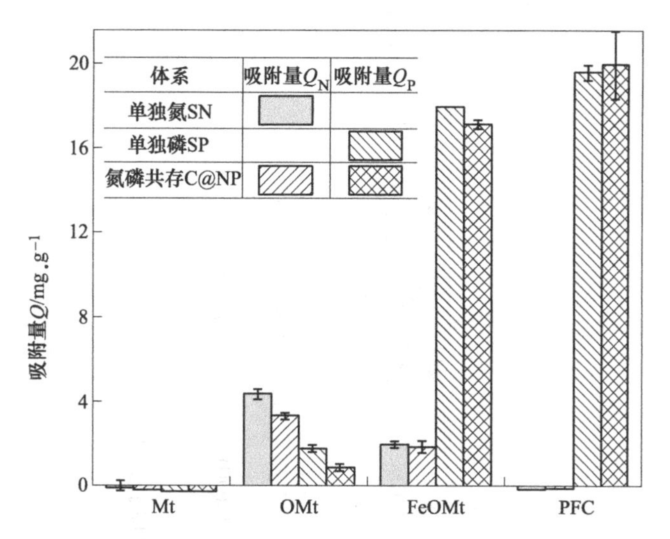

图 6-24 Mt、OMt、FeOM 和 PFC 在 SN、SP 和 C@NP 下对 N 和 P 的吸附

($[N]_0=5mg/L$，$[P]_0=5mg/L$，固液比为 10mg/50mL，pH 值为 7，$T=25℃$，$t=60min$)

存在，部分最初锚定在 Mt 表面的$-R_4N^+$被脱附并与 $FeCl_4^-$ 静电中和。

当 FeOMt 被置于磷酸盐和硝酸盐溶液中后，FeOMt 内的 $FeCl_4^-$ 会发生解离并释放有利于硝酸根吸附的$-R_4N^+$位点（见式(6-15)）。如图 6-17 所示，FeOMt 吸附硝酸根和磷酸根后，N 1s 谱图中结合能为405.7eV 和401.8eV 的两个峰分别归属于硝酸根离子和被硝酸根中和的$-R_4N^+$基团。与此同时，在脱硝除磷过程中，FeOMt 部分释放的$-R_4N^+$可能通过静电吸引重新被固定在 Mt 表面，减少了对硝酸根的吸附，增加了被 Mt 中和的$-R_4N^+$含量。对比 FeOMt 吸附硝酸根前后，无机阴离子（$FeCl_4^-$ 和 NO_3^-）中和的$-R_4N^+$基团 N 与 Mt 中和的$-R_4N^+$基团 N 的摩尔比从 32 降低到 4.5（见图 6-17）。此外，基于 Fe 2p 和 P 2p 谱（见图 6-17）可知，随着 $FeCl_4^-$ 的解离，分离的 Fe^{3+}与磷酸根反应生成沉淀(见式(6-14))，水解产生的 $Fe(OH)_3$ 絮体通过络合和静电相互作用等方式去除磷酸根(见式(6-16)、式(6-17))。

综上所述，本章介绍了一种可实现同步脱硝除磷的镧/双子季铵盐联合改性蒙脱石，以及一种 $FeCl_4^-$ 功能化双子季铵盐改性蒙脱石，并与商业销售的 Phoslock®及实验室研发的一些吸附剂进行了对比研究，两种改性蒙脱石脱硝除磷的综合性能均较为优越。其中，前者 La 主要以 $LaCO_3OH$ 形式存在于改性蒙脱石中，通过配体交换与静电作用高效除磷；而改性蒙脱石吸附硝酸根则主要是通过与$-R_4N^+$静电作用，两者之间的吸附未见明显的拮抗作用。对硝酸根靶向吸附剂负载不同形态的 La 以实现同步脱硝除磷，为氮、磷污染水体的治理提供思考方

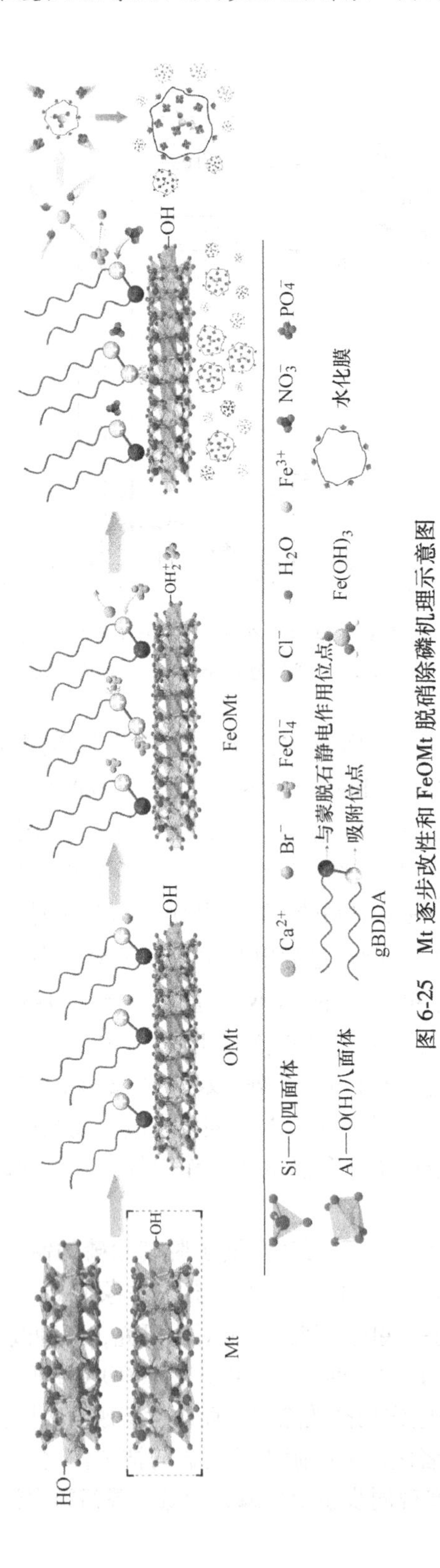

图 6-25 Mt 逐步改性和 FeOMt 脱硝除磷机理示意图

扫一扫
看更清楚

向。$FeCl_4^-$ 功能化双子季铵盐改性蒙脱石巧妙地利用铁络合离子的水解特性实现了水体的同步脱硝除磷，为改性蒙脱石功能化开拓了新思路。然而，$FeCl_4^-$ 的负载导致原改性蒙脱石中双子季铵盐发生重构，其水解产生的大量质子导致溶液的 pH 值下降，是该吸附材料的不足之处，亟待优化。

7 结　　论

我国近些年对环境保护工作的高度重视实现了全国生态环境有所好转，但水环境严峻形势总体上仍没有根本改变，水体净化任重道远。基于我国膨润土储量优势，发展膨润土复合材料用于受污水环境修复具有重要意义。本书以此为出发点，设计合成了一系列季铵盐改性蒙脱石，并将其应用于多种水体污染物分离，利用现代表征与分析测试技术，深入剖析了改性蒙脱石对各污染物的吸附特征与机制，主要取得如下结论：

(1) 污染物分子或离子大小是影响改性蒙脱石吸附效果的重要因素之一，吸附质自身分子量较大时，产生的空间位阻更为显著，导致层间部分吸附位点难以被利用，表现为更低的吸附速率和吸附容量。通过层离或改性分子结构设计等方式调控改性蒙脱石的结构，充分暴露层间吸附位点，是拓展改性蒙脱石环境修复应用维度的有效途径。磁力搅拌预分散并不能显著地提高蒙脱石负载季铵盐以及吸附污染物的性能，促进蒙脱石分散层离是提高吸附位点暴露程度的关键。

(2) 相比传统季铵盐改性蒙脱石，双子季铵盐改性蒙脱石表现出对苯酚和铬酸根更优越的吸附性能，是一种合成简单、性能优越的吸附剂。双子季铵盐独特的分子结构使其在蒙脱石改性过程中一端锚定在蒙脱石表面，另一端用于吸附阴离子型污染物，从而显著降低改性蒙脱石在污染物吸附过程中季铵盐的溶出量。

(3) 双子季铵盐链烃长度从十二烷基增加至十八烷基时，其在蒙脱石表面的摩尔负载量没有明显差异，但对新型污染物钨酸根的吸附却随烷基链长度的增加而减弱，这与改性蒙脱石中双子季铵盐构型及吸附位点的分布密切相关。温度和溶液 pH 值的升高导致双子季铵盐对钨酸根吸附量的减少，在不同溶液环境下钨酸根发生聚合，导致改性蒙脱石中的双子季铵盐发生重构，实现“自洽”吸附。

(4) 双子季铵盐改性蒙脱石可实现模拟选矿废水黄药的快速、完全分离，共存的硫酸根离子对黄药的吸附影响较弱。相比于等摩尔当量十六烷基吡啶和十六烷基三甲基铵改性蒙脱石，双子季铵盐改性蒙脱石吸附黄药的优势明显，对黄药的饱和吸附量并未随黄药分子量的增加而增加，离子交换和疏水作用协同促进黄药的吸附，但以前者为主导。

(5) 采用镧/双子季铵盐对蒙脱石联合改性，充分利用镧氢氧化物对磷酸根以及双子季铵盐对硝酸根的高选择性，通过配体交换、离子交换与静电作用等，实现了高效同步脱硝除磷。对季铵盐改性蒙脱石的电荷平衡离子进行功能化，消除溴离子等有害阴离子交换至水体引起的二次污染，提出四氯化铁络合阴离子取代溴离子的新思路，利用该络合离子提高季铵盐负载量，为提高硝氮吸附创造了条件，同时利用铁离子水解的絮凝作用提高了除磷效果。

季铵盐通过静电作用力锚定在蒙脱石表面，虽然采用双子季铵盐甚至阳离子型聚合物对蒙脱石进行改性能在一定程度上降低改性蒙脱石在污染物吸附过程中季铵盐改性剂的溶出，但在复杂的水环境体系中，季铵盐或蒙脱石可能被高浓度阳离子或阴离子所取代，稳定性不足。化学嫁接的方式虽能解决季铵盐溶出，但合成过程较为繁琐，负载量不高。因此，是否采用简单混合即得的季铵盐改性蒙脱石用于水体污染物吸附应充分考虑水体的理化性质及其处理要求。

参考文献

[1] 中国环境监测总站 . 2021 年全国地表水水质月报（4 月）（http：//www. cnemc. cn/jcbg/qgdbsszyb/）. 2021.

[2] 崔宏，张继群，王韦娜，等 . 我国工业用水行业及其区域分布状况分析 [J]. 中国水利，2017 (23)：16-19，23.

[3] 张统，李志颖，董春宏，等 . 我国工业废水处理现状及污染防治对策 [J]. 给水排水，2020，46 (10)：1-3，18.

[4] 杜高翔，王佼，谢艳 . 矿物材料在环保产业的应用 [M]. 北京：中国建材工业出版社，2020.

[5] 王代芝，黄育刚 . 酸改性膨润土处理含镉（Ⅱ）废水 [J]. 无机盐工业，2005，37 (2)：38-40.

[6] 杨青霞，吴宏海，杨璐瑶，等 . 蒙脱石及其热改性产物对间二硝基苯的吸附性能对比 [J]. 矿物学报，2016，36 (3)：391-396.

[7] 卿艳红，苏小丽，王钺博，等 . 蒙脱石黏土矿物环境材料构建的研究进展 [J]. 材料导报，2020，34 (19)：19018-19026.

[8] 杨南如 . 无机非金属材料测试方法 [M]. 武汉：武汉理工大学，1990.

[9] 余江，原小涛，刘会洲，等 . 柱撑蒙脱石吸附与催化降解黄药的特性研究 [J]. 环境化学，2005，24 (4)：394-396.

[10] 罗武辉，黄祈栋，袁秀娟，等 . 蒙脱石改性与高氯酸根吸附的机理及应用拓展 [M]. 长沙：中南大学出版社，2020：1-17.

[11] 蒋博龙，史顺杰，蒋海林，等 . 金属有机框架吸附处理苯酚污水机理研究进展 [J]. 化工进展，2020，1-28.

[12] 徐倩云，艾舜豪，高祥云，等 . 鄱阳湖流域水体和水产品中苯酚的暴露特征及人体健康风险评估 [J]. 环境科学，2021，42 (3)：1354-1360.

[13] 王雅平，杨宁波，马桂香，等 . 毒性物质苯酚对除磷系统污泥活性及性能的影响 [J]. 环境工程，2019，37 (3)：82-86.

[14] 陈敏，殷高方，赵南京，等 . 苯酚胁迫下藻类光合活性参数的响应规律 [J]. 光学学报，2019，39 (12)：257-263.

[15] 刘羽，罗瑭秋琦，张亮，等 . 4 种酚类物质对蚕豆根尖细胞的遗传毒性研究 [J]. 环境科技，2019，32 (1)：7-11.

[16] 肖乾芬，高树梅，王晓栋，等 . 取代苯酚对人体外周血淋巴细胞的遗传毒性及定量结构关系 [J]. 环境化学，2007，26 (5)：582-587.

[17] 刘晓娟，程滨，赵瑞芬，等 . 铬在环境中的迁移行为及毒害研究进展 [J]. 山西农业科学，2018，46 (6)：1061-1064.

[18] 沈锡辉，刘志培，王保军，等 . 苯酚降解菌红球菌 PNAN5 菌株（Rhodococcussp. strain PNAN5）的分离鉴定、降解特性及其开环双加氧酶性质研究 [J]. 环境科学学报，2004，24 (3)：482-486.

[19] 曲久辉，林谡，田宝珍，等 . 高铁氧化去除饮用水中邻氯苯酚的研究 [J]. 环境科学学

报，2001，21（6）：701-704.
[20] 朱利中，王晴，陈宝梁. 阴-阳离子有机膨润土吸附水中苯胺、苯酚的性能［J］. 环境科学，2000，21（4）：42-46.
[21] 边归国. 土壤中苯酚污染治理技术研究进展［J］. 青海环境，2007，17（3）：109-112.
[22] 曹宏明，龚斌，朱丽娟，潘贵妮，刘飞琪，李世盛. 红树林根际土壤中耐高盐苯酚降解菌的分离鉴定［J］. 应用海洋学学报，2021，40（2）：179-188.
[23] 陈宝梁，朱利中，林斌，等. 阳离子表面活性剂增强固定土壤中的苯酚和对硝基苯酚［J］. 土壤学报，2004，41（1）：148-151.
[24] 刘足根，杨国华，杨帆，等. 赣南钨矿区土壤重金属含量与植物富集特征［J］. 生态学杂志，2008，27（8）：1345-1350.
[25] 陈明，李凤果，胡兰文，等. 赣南典型矿区河流沉积物钨的赋存特征及释放规律［J］. 化工进展，2019，38（9）：4320-4326.
[26] 赵永红，成先雄，谢明辉，等. 选矿废水中黄药自然降解特性的研究［J］. 矿业安全与环保，2006，33（6）：33-34.
[27] 刘超，朱琦，哈硕，等. 国内黄药废水处理技术研究进展［J］. 工业水处理，2017，37（9）：1-5.
[28] 张作金，陈海彬，吴天来，等. 我国选矿废水处理研究进展［J］. 矿产保护与利用，2020，40（1）：79-84.
[29] 张建乐，陈万雄，林祥辉. 改性膨润土对黄药吸附性能的研究［J］. 矿产保护与利用，1995（5）：27-30，54.
[30] 王勇，闫晗，郑忠宇，等. 有机改性膨润土对丁基黄药的吸附试验研究［J］. 非金属矿，2020，43（6）：98-100，104.
[31] 陈旭，章俊，章文军，等. 水培植物在低温下净化富营养化水体试验研究［J］. 工业用水与废水，2019，50（4）：24-26，45.
[32] 曾嘉敏，邹任炯，姚家敏，等. 不同生活型水生植物混合种植对氮磷等营养物质的去除研究［J］. 肇庆学院学报，2019，40（5）：16-21.
[33] 许诺，王科伦，罗从伟，等. 富营养化水体的 PMSO 强化聚合氯化铝絮凝处理工艺［J］. 净水技术，2019，38（11）：87-92.
[34] 陈小锋，揣小明，杨柳燕. 中国典型湖区湖泊富营养化现状、历史演变趋势及成因分析［J］. 生态与农村环境学报，2014，30（4）：438-443.
[35] 吕学研，吴时强，张咏，等. 太湖富营养化主要指标及营养水平变化分析［J］. 水资源与水工程学报，2014，25（4）：1-6.
[36] 郭泓利，李鑫玮，任钦毅，等. 全国典型城市污水处理厂进水水质特征分析［J］. 给水排水，2018，44（6）：12-15.
[37] 叶春. 蔬菜中硝酸盐和亚硝酸盐的污染［J］. 食品工程，2007（2）：26-28.
[38] 马静. 生物炭负载纳米零价铁对地下水硝酸盐氮去除及氮气选择性转化性能研究［D］. 西安：西北大学，2019.
[39] 柯钰. 海绵铁-活性炭组合 PRB 技术去除地下水中硝酸盐实验研究［D］. 赣州：江西理工大学，2019.

[40] 梁索原，曹玉，赤泽宏平，等．磁县食管癌高发区农村饮水中“三氮”含量的调查研究［J］．中华肿瘤防治杂志，2012，19（9）：649-651，662.

[41] 邓熙，林秋奇，顾继光．广州市饮用水源中硝酸盐亚硝酸盐含量与癌症死亡率联系［J］．生态科学，2004，23（1）：38-41.

[42] 高原．深度脱氮除磷水培植物净化床系统的应用研究［D］．绵阳：西南科技大学，2018.

[43] 崔景辉．优化生物滤池技术脱氮除磷的试验研究［D］．北京：中国地质大学（北京），2018.

[44] 王涛．颗粒生物炭人工湿地对二级出水氮磷去除研究［D］．徐州：中国矿业大学，2018.

[45] 周跃花，杜晓莉，李学坤，等．有机-无机复合改性蒙脱石同时吸附水中苯酚和铬（Ⅵ）［J］．环境化学，2014，33（4）：663-668.

[46] 杜天悦，李红．消除铁离子对 EDTA 容量法测定锌离子的干扰实验探究［J］．干旱环境监测，2020，34（4）：182-186.

[47] Martin R T, Bailey S W, Eberl D D, et al. Report of the clay minerals society nomenclature committee: Revised classification of clay materials [J]. Clays and Clay Minerals, 1991 (39): 333-335.

[48] Droge S T J, Goss K U. Sorption of organic cations to phyllosilicate clay minerals: CEC-normalization, salt dependency, and the role of electrostatic and hydrophobic effects [J]. Environmental Science & Technology, 2013 (47): 14224-14232.

[49] Tyagi B, Chudasama C D, Jasra R V. Determination of structural modification in acid activated montmorillonite clay by FT-IR spectroscopy [J]. Spectrochimica Acta Part A: Molecular and Biomolecular Spectroscopy, 2006 (64): 273-278.

[50] Krupskaya V V, Zakusin S V, Tyupina E A, et al. Experimental study of montmorillonite structure and transformation of its properties under treatment with inorganic acid solutions [J]. Minerals, 2017 (7): 49.

[51] Bhattacharyya K G, Gupta S S. Influence of acid activation on adsorption of Ni (Ⅱ) and Cu (Ⅱ) on kaolinite and montmorillonite: kinetic and thermodynamic study [J]. Chemical Engineering Journal, 2008 (136): 1-13.

[52] Kumar P, Jasra R V, Bhat T S. Evolution of porosity and surface acidity in montmorillonite clay on acid activation [J]. Industrial & engineering chemistry research, 1995 (34): 1440-1448.

[53] Ramadan A R, Esawi A M, Gawad A A. Effect of ball milling on the structure of Na^+-montmorillonite and organo-montmorillonite (Cloisite 30B) [J]. Applied Clay Science, 2010 (47): 196-202.

[54] Luo W, Fukumori T, Guo B, et al. Effects of grinding montmorillonite and illite on their modification by dioctadecyl dimethyl ammonium chloride and adsorption of perchlorate [J]. Applied Clay Science, 2017 (146): 325-333.

[55] Xia M, Jiang Y, Zhao L, et al. Wet grinding of montmorillonite and its effect on the properties of mesoporous montmorillonite [J]. Colloids and Surfaces A: Physicochemical and Engineering Aspects, 2010 (356): 1-9.

[56] Wen K, Zhu J, Chen H, et al. Arrangement models of Keggin-Al_{30} and Keggin-Al_{13} in the interlayer of montmorillonite and the impacts of pillaring on surface acidity: A comparative study

on catalytic oxidation of toluene [J]. Langmuir, 2018 (35): 382-390.

[57] Bahranowski K, Włodarczyk W, Wisła Walsh E, et al. [Ti, Zr] -pillared montmorillonite: A new quality with respect to Ti-and Zr-pillared clays [J]. Microporous and Mesoporous Materials, 2015 (202): 155-164.

[58] Ma L, Zhu J, Xi Y, et al. Adsorption of phenol, phosphate and Cd (Ⅱ) by inorganic-organic montmorillonites: A comparative study of single and multiple solute [J]. Colloids and Surfaces A: Physicochemical and Engineering Aspects, 2016 (497): 63-71.

[59] Shen T, Gao M. Gemini surfactant modified organo-clays for removal of organic pollutants from water: A review [J]. Chemical Engineering Journal, 2019 (375): 121910.

[60] Wang Z M, Ooga H, Hirotsu T, et al. Matrix-enhanced adsorption removal of trace BPA by controlling the interlayer hydrophobic environment of montmorillonite [J]. Applied Clay Science, 2015 (104): 81-87.

[61] Heinz H, Vaia R, Krishnamoorti R, et al. Self-assembly of alkylammonium chains on montmorillonite: effect of chain length, head group structure, and cation exchange capacity [J]. Chemistry of Materials, 2007 (19): 59-68.

[62] Xi Y, Frost R L, He H. Modification of the surfaces of Wyoming montmorillonite by the cationic surfactants alkyl trimethyl, dialkyl dimethyl, and trialkyl methyl ammonium bromides [J]. Journal of Colloid and Interface Science, 2007 (305): 150-158.

[63] Li P, Khan M A, Xia M, et al. Efficient preparation and molecular dynamic (MD) simulations of Gemini surfactant modified layered montmorillonite to potentially remove emerging organic contaminants from wastewater [J]. Ceramics International, 2019 (45): 10782-10791.

[64] Liu Y, Luan J, Zhang C, et al. The adsorption behavior of multiple contaminants like heavy metal ions and p-nitrophenol on organic-modified montmorillonite [J]. Environmental Science and Pollution Research, 2019 (26): 10387-10397.

[65] Yan B, Munoz G, Sauvé S, et al. Molecular mechanisms of per-and polyfluoroalkyl substances on a modified clay: a combined experimental and molecular simulation study [J]. Water Research, 2020 (184): 116166.

[66] El Nahhal Y, Nir S, Polubesova T, et al. Movement of metolachlor in soil: effect of new organo-clay formulations [J]. Pesticide Science, 1999 (55): 857-864.

[67] Rodríguez Cruz M, Sánchez Martín M, Andrades M, et al. Modification of clay barriers with a cationic surfactant to improve the retention of pesticides in soils [J]. Journal of Hazardous Materials, 2007 (139): 363-372.

[68] Yang J, Yu K, Liu C. Chromium immobilization in soil using quaternary ammonium cations modified montmorillonite: Characterization and mechanism [J]. Journal of Hazardous Materials, 2017 (321): 73-80.

[69] Peng S, Mao T, Zheng C, et al. Polyhydroxyl gemini surfactant-modified montmorillonite for efficient removal of methyl orange [J]. Colloids and Surfaces A: Physicochemical and Engineering Aspects, 2019 (578): 123602.

[70] Pal O, Vanjara A. Removal of malathion and butachlor from aqueous solution by clays and or-

ganoclays [J]. Separation and Purification Technology, 2001 (24): 167-172.

[71] Luo W, Inoue A, Hirajima T, et al. Synergistic effect of Sr^{2+} and ReO_4 adsorption on hexadecyl pyridinium-modified montmorillonite [J]. Applied Surface Science, 2017 (394): 431-439.

[72] Zhu R, Chen Q, Zhou Q, et al. Adsorbents based on montmorillonite for contaminant removal from water: A review [J]. Applied Clay Science, 2016 (123): 239-258.

[73] Bagherifam S, Komarneni S, Lakzian A, et al. Highly selective removal of nitrate and perchlorate by organoclay [J]. Applied Clay Science, 2014 (95): 126-132.

[74] Jaworski M A, Flores F M, Fernández M A, et al. Use of organo-montmorillonite for the nitrate retention in water: influence of alkyl length of loaded surfactants [J]. SN Applied Sciences, 2019 (1): 1-9.

[75] Dasgupta P K, Martinelango P K, Jackson W A, et al. The origin of naturally occurring perchlorate: the role of atmospheric processes [J]. Environmental Science & Technology, 2005 (39): 1569-1575.

[76] Susarla S, Collette T W, Garrison A W, et al. Perchlorate identification in fertilizers [J]. Environmental Science & Technology, 1999 (33): 3469-3472.

[77] Van Huis T J, Schaefer III H F. The ClO_4 radical: Experiment versus theory [J]. The Journal of Chemical Physics, 1997 (106): 4028-4037.

[78] Urbansky E T, Schock M R. Issues in managing the risks associated with perchlorate in drinking water [J]. Journal of Environmental Management, 1999 (56): 79-95.

[79] Custelcean R, Moyer B A. Anion separation with metal-organic frameworks [J]. European Journal of Inorganic Chemistry, 2007 (2007): 1321-1340.

[80] Gan Z, Pi L, Li Y, et al. Occurrence and exposure evaluation of perchlorate in indoor dust and diverse food from Chengdu, China [J]. Science of the Total Environment, 2015 (536): 288-294.

[81] Shi Y, Zhang P, Wang Y, et al. Perchlorate in sewage sludge, rice, bottled water and milk collected from different areas in China [J]. Environment International, 2007 (33): 955-962.

[82] Wu Q, Zhang T, Sun H, et al. Perchlorate in tap water, groundwater, surface waters, and bottled water from China and its association with other inorganic anions and with disinfection byproducts [J]. Archives of Environmental Contamination and Toxicology, 2010 (58): 543-550.

[83] McLaughlin C L, Blake S, Hall T, et al. Perchlorate in raw and drinking water sources in England and Wales [J]. Water and Environment Journal, 2011 (25): 456-465.

[84] Kannan K, Praamsma M L, Oldi J F, et al. Occurrence of perchlorate in drinking water, groundwater, surface water and human saliva from India [J]. Chemosphere, 2009 (76): 22-26.

[85] Asami M, Kosaka K, Yoshida N. Occurrence of chlorate and perchlorate in bottled beverages in Japan [J]. Journal of Health Science, 2009 (55): 549-553.

[86] Dyke J V, Ito K, Obitsu T, et al. Perchlorate in dairy milk. Comparison of Japan versus the United States [J]. Environmental Science & Technology, 2007 (41): 88-92.

[87] Guruge K S, Wu Q, Kannan K. Occurrence and exposure assessment of perchlorate, iodide and nitrate ions from dairy milk and water in Japan and Sri Lanka [J]. Journal of Environmental Monitoring, 2011 (13): 2312-2320.

[88] Kosaka K, Asami M, Matsuoka Y, et al. Occurrence of perchlorate in drinking water sources of metropolitan area in Japan [J]. Water Research, 2007 (41): 3474-3482.

[89] Her N, Jeong H, Kim J, et al. Occurrence of perchlorate in drinking water and seawater in South Korea [J]. Archives of Environmental Contamination and Toxicology, 2011 (61): 166-172.

[90] Jackson W A, Joseph P, Laxman P, et al. Perchlorate accumulation in forage and edible vegetation [J]. Journal of Agricultural and Food Chemistry, 2005 (53): 369-373.

[91] Sanchez C A, Crump K S, Krieger R I, et al. Perchlorate and nitrate in leafy vegetables of North America [J]. Environmental Science & Technology, 2005 (39): 9391-9397.

[92] Bardiya N, Bae J H. Dissimilatory perchlorate reduction: a review [J]. Microbiological Research, 2011 (166): 237-254.

[93] Srinivasan R, Sorial G A. Treatment of perchlorate in drinking water: a critical review [J]. Separation and Purification Technology, 2009 (69): 7-21.

[94] Blount B C, Pirkle J L, Osterloh J D, et al. Urinary perchlorate and thyroid hormone levels in adolescent and adult men and women living in the United States [J]. Environmental Health Perspectives, 2006 (114): 1865-1871.

[95] Brabant G, Bergmann P, Kirsch C, et al. Early adaptation of thyrotropin and thyroglobulin secretion to experimentally decreased iodine supply in man [J]. Metabolism, 1992 (41): 1093-1096.

[96] Braverman L E, He X, Pino S, et al. The effect of perchlorate, thiocyanate, and nitrate on thyroid function in workers exposed to perchlorate long-term [J]. The Journal of Clinical Endocrinology & Metabolism, 2005 (90): 700-706.

[97] Braverman L E, Pearce E N, He X, et al. Effects of six months of daily low-dose perchlorate exposure on thyroid function in healthy volunteers [J]. The Journal of Clinical Endocrinology & Metabolism, 2006 (91): 2721-2724.

[98] Greer M A, Goodman G, Pleus R C, et al. Health effects assessment for environmental perchlorate contamination: the dose response for inhibition of thyroidal radioiodine uptake in humans [J]. Environmental Health Perspectives, 2002 (110): 927-937.

[99] Srinivasan A, Viraraghavan T. Perchlorate: health effects and technologies for its removal from water resources [J]. International Journal of Environmental Research and Public Health, 2009 (6): 1418-1442.

[100] Landrum M, Cañas J E, Cobb G P, et al. Effects of perchlorate on earthworm (Eisenia fetida) survival and reproductive success [J]. Science of the Total Environment, 2006 (363): 237-244.

[101] Park J W, Rinchard J, Liu F, et al. The thyroid endocrine disruptor perchlorate affects reproduction, growth, and survival of mosquitofish [J]. Ecotoxicology and Environmental Safety,

2006 (63): 343-352.

[102] Patiño R, Wainscott M R, Cruz Li E I, et al. Effects of ammonium perchlorate on the reproductive performance and thyroid follicle histology of zebrafish [J]. Environmental Toxicology and Chemistry: An International Journal, 2003 (22): 1115-1121.

[103] Cheng Q, Perlmutter L, Smith P N, et al. A study on perchlorate exposure and absorption in beef cattle [J]. Journal of Agricultural and Food Chemistry, 2004 (52): 3456-3461.

[104] Goleman W L, Urquidi L J, Anderson T A, et al. Environmentally relevant concentrations of ammonium perchlorate inhibit development and metamorphosis in Xenopus laevis [J]. Environmental Toxicology and Chemistry: An International Journal, 2002 (21): 424-430.

[105] Achenbach L A, Michaelidou U, Bruce R A, et al. Dechloromonas agitata gen. nov., sp. nov. and Dechlorosoma suillum gen. nov., sp. nov., two novel environmentally dominant (per) chlorate-reducing bacteria and their phylogenetic position [J]. International Journal of Systematic and Evolutionary Microbiology, 2001 (51): 527-533.

[106] Malmqvist Å, Welander T, Moore E, et al. Ideonella dechloratans gen. nov., sp. nov., a new bacterium capable of growing anaerobically with chlorate as an electron acceptor [J]. Systematic and Applied Microbiology, 1994 (17): 58-64.

[107] Nerenberg R, Kawagoshi Y, Rittmann B E. Kinetics of a hydrogen-oxidizing, perchlorate-reducing bacterium [J]. Water Research, 2006 (40): 3290-3296.

[108] Dudley M, Salamone A, Nerenberg R. Kinetics of a chlorate-accumulating, perchlorate- reducing bacterium [J]. Water Research, 2008 (42): 2403-2410.

[109] Chaudhuri S K, O'Connor S M, Gustavson R L, et al. Environmental factors that control microbial perchlorate reduction [J]. Applied and Environmental Microbiology, 2002 (68): 4425.

[110] Song Y, Logan B E. Effect of O_2 exposure on perchlorate reduction by Dechlorosoma sp. KJ [J]. Water Research, 2004 (38): 1626-1632.

[111] Tan K, Anderson T A, Jackson W A. Degradation kinetics of perchlorate in sediments and soils [J]. Water, Air, and Soil Pollution, 2004 (151): 245-259.

[112] Bruce R A, Achenbach L A, Coates J D. Reduction of (per) chlorate by a novel organism isolated from paper mill waste [J]. Environmental Microbiology, 1999 (1): 319-329.

[113] Wu D, He P, Xu X, et al. The effect of various reaction parameters on bioremediation of perchlorate-contaminated water [J]. Journal of Hazardous Materials, 2008 (150): 419-423.

[114] Balk M, van Gelder T, Weelink S A, et al. (Per) chlorate reduction by the thermophilic bacterium Moorella perchloratireducens sp. nov., isolated from underground gas storage [J]. Applied and Environmental Microbiology, 2008 (74): 403-409.

[115] Herman D C, Frankenberger Jr W T. Microbial-mediated reduction of perchlorate in groundwater [J]. Journal of Environmental Quality, 1998 (27): 750-754.

[116] Wang C, Lippincott L, Meng X. Kinetics of biological perchlorate reduction and pH effect [J]. Journal of Hazardous Materials, 2008 (153): 663-669.

[117] Logan B E, Wu J, Unz R F. Biological perchlorate reduction in high-salinity solutions

[J]. Water Research, 2001 (35): 3034-3038.

[118] Choe J K, Shapley J R, Strathmann T J, et al. Influence of rhenium speciation on the stability and activity of Re/Pd bimetal catalysts used for perchlorate reduction [J]. Environmental Science & Technology, 2010 (44): 4716-4721.

[119] Hurley K D, Shapley J R. Efficient heterogeneous catalytic reduction of perchlorate in water [J]. Environmental Science & Technology, 2007 (41): 2044-2049.

[120] Liu J, Choe J K, Sasnow Z, et al. Application of a Re-Pd bimetallic catalyst for treatment of perchlorate in waste ion-exchange regenerant brine [J]. Water Research, 2013 (47): 91-101.

[121] Liu J, Choe J K, Wang Y, et al. Bioinspired complex-nanoparticle hybrid catalyst system for aqueous perchlorate reduction: Rhenium speciation and its influence on catalyst activity [J]. Acs Catalysis, 2015 (5): 511-522.

[122] Liu J, Chen X, Wang Y, et al. Mechanism and mitigation of the decomposition of an oxorhenium complex-based heterogeneous catalyst for perchlorate reduction in water [J]. Environmental Science & Technology, 2015 (49): 12932-12940.

[123] Hurley K D, Zhang Y, Shapley J R. Ligand-enhanced reduction of perchlorate in water with heterogeneous Re-Pd/C catalysts [J]. Journal of the American Chemical Society, 2009 (131): 14172-14173.

[124] Zhang Y, Hurley K D, Shapley J R. Heterogeneous catalytic reduction of perchlorate in water with Re-Pd/C catalysts derived from an oxorhenium (V) molecular precursor [J]. Inorganic Chemistry, 2011 (50): 1534-1543.

[125] Xiong Z, Zhao D, Pan G. Rapid and complete destruction of perchlorate in water and ion-exchange brine using stabilized zero-valent iron nanoparticles [J]. Water Research, 2007 (41): 3497-3505.

[126] Yoon J, Amy G, Chung J, et al. Removal of toxic ions (chromate, arsenate, and perchlorate) using reverse osmosis, nanofiltration, and ultrafiltration membranes [J]. Chemosphere, 2009 (77): 228-235.

[127] Yoon J, Yoon Y, Amy G, et al. Use of surfactant modified ultrafiltration for perchlorate (ClO_4^-) removal [J]. Water Research, 2003 (37): 2001-2012.

[128] Yoon Y, Amy G, Cho J, et al. Transport of perchlorate (ClO_4^-) through NF and UF membranes [J]. Desalination, 2002 (147): 11-17.

[129] Xiong Z, Zhao D, Harper W F. Sorption and desorption of perchlorate with various classes of ion exchangers: a comparative study [J]. Industrial & Engineering Chemistry Research, 2007 (46): 9213-9222.

[130] Parette R, Cannon F S. The removal of perchlorate from groundwater by activated carbon tailored with cationic surfactants [J]. Water Research, 2005 (39): 4020-4028.

[131] Chitrakar R, Makita Y, Hirotsu T, et al. Montmorillonite modified with hexadecyl pyridinium chloride as highly efficient anion exchanger for perchlorate ion [J]. Chemical Engineering Journal, 2012 (191): 141-146.

[132] Fang Q, Chen B, Zhuang S. Triplex blue-shifting hydrogen bonds of $ClO_4^-\cdots H—C$ in the nanointerlayer of montmorillonite complexed with cetyltrimethylammonium cation from hydrophilic to hydrophobic properties [J]. Environmental Science & Technology, 2013 (47): 11013-11022.

[133] Baidas S, Gao B, Meng X. Perchlorate removal by quaternary amine modified reed [J]. Journal of Hazardous Materials, 2011 (189): 54-61.

[134] Xu X, Gao B, Tan X, et al. Uptake of perchlorate from aqueous solutions by amine-crosslinked cotton stalk [J]. Carbohydrate Polymers, 2013 (98): 132-138.

[135] Luo W, Sasaki K, Hirajima T. Surfactant-modified montmorillonite by benzyl octadecyl dimethyl ammonium chloride for removal of perchlorate [J]. Colloids and Surfaces A: Physicochemical and Engineering Aspects, 2015 (481): 616-625.

[136] Luo W, Sasaki K, Hirajima T. Effect of surfactant molecular structure on perchlorate removal by various organo-montmorillonites [J]. Applied Clay Science, 2015 (114): 212-220.

[137] Luo W, Inoue A, Hirajima T, et al. Sequential modification of montmorillonite with dimethyl dioctadecyl ammonium chloride and benzyl octadecyl dimethyl ammonium chloride for removal of perchlorate [J]. Microporous and Mesoporous Materials, 2016 (233): 117-124.

[138] Bergaya F, Vayer M. CEC of clays: measurement by adsorption of a copper ethylenediamine complex [J]. Applied Clay Science, 1997 (12): 275-280.

[139] Tobey S W. The acid dissociation constant of methyl red. A spectrophotometric measurement [J]. Journal of Chemical Education, 1958 (35): 514.

[140] Fornes T, Yoon P, Hunter D, et al. Effect of organoclay structure on nylon 6 nanocomposite morphology and properties [J]. Polymer, 2002 (43): 5915-5933.

[141] Lee K M, Han C D. Rheology of organoclay nanocomposites: effects of polymer matrix/organoclay compatibility and the gallery distance of organoclay [J]. Macromolecules, 2003 (36): 7165-7178.

[142] Shah K J, Shukla A D, Shah D O, et al. Effect of organic modifiers on dispersion of organoclay in polymer nanocomposites to improve mechanical properties [J]. Polymer, 2016 (97): 525-532.

[143] Paul D R, Robeson L M. Polymer nanotechnology: nanocomposites [J]. Polymer, 2008 (49): 3187-3204.

[144] He H, Zhou Q, Martens W N, et al. Microstructure of $HDTMA^+$-modified montmorillonite and its influence on sorption characteristics [J]. Clays and Clay Minerals, 2006 (54): 689-696.

[145] Luo W, Hirajima T, Sasaki K. Optimization of hexadecylpyridinium-modified montmorillonite for removal of perchlorate based on adsorption mechanisms [J]. Applied Clay Science, 2016 (123): 29-36.

[146] Xi Y, Frost R L, He H, et al. Modification of Wyoming montmorillonite surfaces using a cationic surfactant [J]. Langmuir, 2005 (21): 8675-8680.

[147] Baldassari S, Komarneni S, Mariani E, et al. Microwave versus conventional preparation of organoclays from natural and synthetic clays [J]. Applied Clay Science, 2006 (31): 134-141.

[148] Chen S, Zhou W, Cao Y, et al. Organo-modified montmorillonite enhanced chemiluminescence via inactivation of halide counterions in a micellar solution [J]. The Journal of Physical Chemistry C, 2014 (118): 2851-2856.

[149] Fatimah I, Huda T. Preparation of cety ltrimethy lammonium intercalated Indonesian montmorillonite for adsorption of toluene [J]. Applied Clay Science, 2013 (74): 115-120.

[150] Luo W, Hirajima T, Sasaki K. Selective adsorption of inorganic anions on unwashed and washed hexadecyl pyridinium-modified montmorillonite [J]. Separation and Purification Technology, 2017 (176): 120-125.

[151] Yang S, Gao M, Luo Z, et al. The characterization of organo-montmorillonite modified with a novel aromatic-containing gemini surfactant and its comparative adsorption for 2-naphthol and phenol [J]. Chemical Engineering Journal, 2015 (268): 125-134.

[152] Ma L, Chen Q, Zhu J, et al. Adsorption of phenol and Cu (Ⅱ) onto cationic and zwitterionic surfactant modified montmorillonite in single and binary systems [J]. Chemical Engineering Journal, 2016 (283): 880-888.

[153] Parolo M E, Pettinari G R, Musso T B, et al. Characterization of organo-modified bentonite sorbents: The effect of modification conditions on adsorption performance [J]. Applied Surface Science, 2014 (320): 356-363.

[154] Peng X, Tian Y, Liu S, et al. Degradation of TBBPA and BPA from aqueous solution using organo-montmorillonite supported nanoscale zero-valent iron [J]. Chemical Engineering Journal, 2017 (309): 717-724.

[155] Auta M, Hameed B. Modified mesoporous clay adsorbent for adsorption isotherm and kinetics of methylene blue [J]. Chemical Engineering Journal, 2012 (198): 219-227.

[156] Grauer Z, Malter A B, Yariv S, et al. Sorption of rhodamine B by montmorillonite and laponite [J]. Colloids and Surfaces, 1987 (25): 41-65.

[157] Gürses A, Doğar Ç, Yalçın M, et al. The adsorption kinetics of the cationic dye, methylene blue, onto clay [J]. Journal of Hazardous Materials, 2006 (131): 217-228.

[158] Xu S, Boyd S A. Cationic surfactant adsorption by swelling and nonswelling layer silicates [J]. Langmuir, 1995 (11): 2508-2514.

[159] Riebe B, Dultz S, Bunnenberg C. Temperature effects on iodine adsorption on organo-clay minerals: I. Influence of pretreatment and adsorption temperature [J]. Applied Clay Science, 2005 (28): 9-16.

[160] Rytwo G, Nir S, Margulies L. Interactions of monovalent organic cations with montmorillonite: adsorption studies and model calculations [J]. Soil Science Society of America Journal, 1995 (59): 554-564.

[161] He H, Ma Y, Zhu J, et al. Organoclays prepared from montmorillonites with different cation exchange capacity and surfactant configuration [J]. Applied Clay Science, 2010 (48): 67-72.

[162] Chen B, Zhu L, Zhu J, et al. Configurations of the bentonite-sorbed myristylpyridinium cation and their influences on the uptake of organic compounds [J]. Environmental Science & Tech-

nology, 2005 (39): 6093-6100.

[163] Bianchi A E, Fernández M, Pantanetti M, et al. ODTMA+ and HDTMA+ organo-montmorillonites characterization: New insight by WAXS, SAXS and surface charge [J]. Applied Clay Science, 2013 (83): 280-285.

[164] Vaia R A, Teukolsky R K, Giannelis E P. Interlayer structure and molecular environment of alkylammonium layered silicates [J]. Chemistry of Materials, 1994 (6): 1017-1022.

[165] He H, Frost R L, Bostrom T, et al. Changes in the morphology of organoclays with HDTMA+ surfactant loading [J]. Applied Clay Science, 2006 (31): 262-271.

[166] Yariv S. The role of charcoal on DTA curves of organo-clay complexes: an overview [J]. Applied Clay Science, 2004 (24): 225-236.

[167] Özcan A, Özcan A S. Adsorption of Acid Red 57 from aqueous solutions onto surfactant-modified sepiolite [J]. Journal of Hazardous Materials, 2005 (125): 252-259.

[168] Toor M, Jin B. Adsorption characteristics, isotherm, kinetics, and diffusion of modified natural bentonite for removing diazo dye [J]. Chemical Engineering Journal, 2012 (187): 79-88.

[169] Wang Q, O'Hare D. Recent advances in the synthesis and application of layered double hydroxide (LDH) nanosheets [J]. Chemical Reviews, 2012 (112): 4124-4155.

[170] Lee S Y, Cho W J, Kim K J, et al. Interaction between cationic surfactants and montmorillonites under nonequilibrium condition [J]. Journal of Colloid and Interface Science, 2005 (284): 667-673.

[171] Markiewicz B, Komorowicz I, Sajnóg A, et al. Chromium and its speciation in water samples by HPLC/ICP-MS-technique establishing metrological traceability: a review since 2000 [J]. Talanta, 2015 (132): 814-828.

[172] Dhal B, Thatoi H, Das N, et al. Chemical and microbial remediation of hexavalent chromium from contaminated soil and mining/metallurgical solid waste: a review [J]. Journal of Hazardous Materials, 2013 (250): 272-291.

[173] Wang G, Zhai S, Li T, et al. Mechanism and management of retrograde type A aortic dissection complicating TEVAR for type B aortic dissection [J]. Annals of Vascular Surgery, 2016 (32): 111-118.

[174] He X, Zhong P, Qiu X. Remediation of hexavalent chromium in contaminated soil by Fe(Ⅱ)-Al layered double hydroxide [J]. Chemosphere, 2018 (210): 1157-1166.

[175] Rathnayake S I, Martens W N, Xi Y, et al. Remediation of Cr (Ⅵ) by inorganic-organic clay [J]. Journal of Colloid and Interface Science, 2017 (490): 163-173.

[176] Wu W, Wu P, Yang F, et al. Assessment of heavy metal pollution and human health risks in urban soils around an electronics manufacturing facility [J]. Science of the Total Environment, 2018 (630): 53-61.

[177] Wang Z X, Chen J Q, Chai L Y, et al. Environmental impact and site-specific human health risks of chromium in the vicinity of a ferro-alloy manufactory, China [J]. Journal of Hazardous Materials, 2011 (190): 980-985.

[178] Castro Castro J D, Macías Quiroga I F, Giraldo Gomez G I, et al. Adsorption of Cr (Ⅵ) in aqueous solution using a surfactant-modified bentonite [J]. The Scientific World Journal, 2020 (2020).

[179] Leyva Ramos R, Jacobo Azuara A, Diaz Flores P, et al. Adsorption of chromium (Ⅵ) from an aqueous solution on a surfactant-modified zeolite [J]. Colloids and Surfaces A: Physicochemical and Engineering Aspects, 2008 (330): 35-41.

[180] Gupta S, Babu B. Adsorption of chromium (Ⅵ) by a low-cost adsorbent prepared from tamarind seeds; proceedings of the Proceedings of International Symposium & 59th Annual Session of IIChE in association with International Partners (CHEMCON-2006), GNFC Complex, Bharuch, F [C]. Citeseer, 2006.

[181] Jung C, Heo J, Han J, et al. Hexavalent chromium removal by various adsorbents: powdered activated carbon, chitosan, and single/multi-walled carbon nanotubes [J]. Separation and Purification Technology, 2013 (106): 63-71.

[182] Ramteke L P, Gogate P R. Removal of copper and hexavalent chromium using immobilized modified sludge biomass based adsorbent [J]. CLEAN-Soil, Air, Water, 2016 (44): 1051-1065.

[183] Srivastava S, Gupta V, Mohan D. Removal of lead and chromium by activated slag—a blast-furnace waste [J]. Journal of Environmental Engineering, 1997 (123): 461-468.

[184] Wan Z, Cho D W, Tsang D C, et al. Concurrent adsorption and micro-electrolysis of Cr (VI) by nanoscale zerovalent iron/biochar/Ca-alginate composite [J]. Environmental Pollution, 2019 (247): 410-420.

[185] Ribeiro P B, de Freitas V O, Machry K, et al. Evaluation of the potential of coal fly ash produced by gasification as hexavalent chromium adsorbent [J]. Environmental Science and Pollution Research, 2019 (26): 28603-28613.

[186] Liu L, Li W, Song W, et al. Remediation techniques for heavy metal-contaminated soils: Principles and applicability [J]. Science of the Total Environment, 2018 (633): 206-219.

[187] Hou S, Wu B, Peng D, et al. Remediation performance and mechanism of hexavalent chromium in alkaline soil using multi-layer loaded nano-zero-valent iron [J]. Environmental Pollution, 2019 (252): 553-561.

[188] Zhu F, Li L, Ma S, et al. Effect factors, kinetics and thermodynamics of remediation in the chromium contaminated soils by nanoscale zero valent Fe/Cu bimetallic particles [J]. Chemical Engineering Journal, 2016 (302): 663-669.

[189] Li Z, Jiang W T, Chang P H, et al. Modification of a Ca-montmorillonite with ionic liquids and its application for chromate removal [J]. Journal of Hazardous Materials, 2014 (270): 169-175.

[190] Jiang J Q, Cooper C, Ouki S. Comparison of modified montmorillonite adsorbents: part I: preparation, characterization and phenol adsorption [J]. Chemosphere, 2002 (47): 711-716.

[191] Sarkar B, Xi Y, Megharaj M, et al. Remediation of hexavalent chromium through adsorption

by bentonite based Arquad ® 2HT-75 organoclays [J]. Journal of Hazardous Materials, 2010 (183): 87-97.

[192] Atkin R, Craig V S, Wanless E J, et al. Mechanism of cationic surfactant adsorption at the solid-aqueous interface [J]. Advances in Colloid and Interface Science, 2003 (103): 219-304.

[193] Mandalia T, Bergaya F. Organo clay mineral-melted polyolefin nanocomposites effect of surfactant/CEC ratio [J]. Journal of Physics and Chemistry of Solids, 2006 (67): 836-845.

[194] Teppen B J, Miller D M. Hydration energy determines isovalent cation exchange selectivity by clay minerals [J]. Soil Science Society of America Journal, 2006 (70): 31-40.

[195] Senturk H B, Ozdes D, Gundogdu A, et al. Removal of phenol from aqueous solutions by adsorption onto organomodified Tirebolu bentonite: equilibrium, kinetic and thermo- dynamic study [J]. Journal of Hazardous Materials, 2009 (172): 353-362.

[196] Shen Y H. Phenol sorption by organoclays having different charge characteristics [J]. Colloids and Surfaces A: Physicochemical and Engineering Aspects, 2004 (232): 143-149.

[197] Zhu J, Wang T, Zhu R, et al. Expansion characteristics of organo montmorillonites during the intercalation, aging, drying and rehydration processes: effect of surfactant/CEC ratio [J]. Colloids and Surfaces A: Physicochemical and Engineering Aspects, 2011 (384): 401-407.

[198] Okada T, Oguchi J, Yamamoto K I, et al. Organoclays in water cause expansion that facilitates caffeine adsorption [J]. Langmuir, 2015 (31): 180-187.

[199] Shen T, Gao M, Ding F, et al. Organo-vermiculites with biphenyl and dipyridyl gemini surfactants for adsorption of bisphenol A: Structure, mechanism and regeneration [J]. Chemosphere, 2018 (207): 489-496.

[200] Yang S, Gao M, Luo Z. Adsorption of 2-Naphthol on the organo-montmorillonites modified by Gemini surfactants with different spacers [J]. Chemical Engineering Journal, 2014 (256): 39-50.

[201] Foo K Y, Hameed B H. Insights into the modeling of adsorption isotherm systems [J]. Chemical Engineering Journal, 2010 (156): 2-10.

[202] Zeng H, Gao M, Shen T, et al. Organo silica nanosheets with gemini surfactants for rapid adsorption of ibuprofen from aqueous solutions [J]. Journal of the Taiwan Institute of Chemical Engineers, 2018 (93): 329-335.

[203] Zeng H, Gao M, Shen T, et al. Modification of silica nanosheets by gemini surfactants with different spacers and its superb adsorption for rhodamine B [J]. Colloids and Surfaces A: Physicochemical and Engineering Aspects, 2018 (555): 746-753.

[204] Anand P, Rajesh D, Lenin N, et al. Enhancement of mechanical characterization of aluminum alloy with tungsten carbide metal matrix composite by particulate reinforcements [J]. Materials Today: Proceedings, 2021 (46): 3690-3692.

[205] Chen G, Fu Z, Guo H, et al. Study of accumulation behaviour of tungsten based composite using electron probe micro analyser for the application in bone tissue engineering [J]. Saudi

Journal of Biological Sciences, 2020 (27): 2936-2941.

[206] Cadoni E, Dotta M, Forni D. High strain-rate behaviour of a Tungsten alloy [J]. Procedia Structural Integrity, 2020 (28): 964-970.

[207] Strigul N. Does speciation matter for tungsten ecotoxicology? [J]. Ecotoxicology and Environmental Safety, 2010 (73): 1099-1113.

[208] Koutsospyros A, Braida W, Christodoulatos C, et al. A review of tungsten: from environmental obscurity to scrutiny [J]. Journal of Hazardous Materials, 2006 (136): 1-19.

[209] Bostick B C, Sun J, Landis J D, et al. Tungsten speciation and solubility in munitions-impacted soils [J]. Environmental Science & Technology, 2018 (52): 1045-1053.

[210] Meijer A, Wroblicky G, Thuring S, et al. Environmental effects of tungsten and tantalum alloys [R]. GCX ALBUQUERQUE NM, 1998.

[211] Inouye L S, Jones R P, Bednar A J. Tungsten effects on survival, growth, and reproduction in the earthworm, Eisenia fetida [J]. Environmental Toxicology and Chemistry: An International Journal, 2006 (25): 763-768.

[212] Clements L N, Lemus R, Butler A D, et al. Acute and chronic effects of sodium tungstate on an aquatic invertebrate (Daphnia magna), green alga (Pseudokirchneriella subcapitata), and zebrafish (Danio rerio) [J]. Archives of Environmental Contamination and Toxicology, 2012 (63): 391-399.

[213] Lindsay J H, Kennedy A J, Seiter Moser J M, et al. Uptake kinetics and trophic transfer of tungsten from cabbage to a herbivorous animal model [J]. Environmental Science & Technology, 2017 (51): 13755-13762.

[214] McCain W C, Crouse L C, Bazar M A, et al. Subchronic oral toxicity of sodium tungstate in Sprague-Dawley rats [J]. International Journal of Toxicology, 2015 (34): 336-345.

[215] Sachdeva S, Kushwaha P, Flora S. Effects of sodium tungstate on oxidative stress enzymes in rats [J]. Toxicology Mechanisms and Methods, 2013 (23): 519-527.

[216] Roedel E Q, Cafasso D E, Lee K W, et al. Pulmonary toxicity after exposure to military-relevant heavy metal tungsten alloy particles [J]. Toxicology and Applied Pharmacology, 2012 (259): 74-86.

[217] Preiner J, Wienkoop S, Weckwerth W, et al. Molecular mechanisms of tungsten toxicity differ for Glycine max depending on nitrogen regime [J]. Frontiers in Plant Science, 2019 (10): 367.

[218] Batyrshina Z, Yergaliyev T M, Nurbekova Z, et al. Differential influence of molybdenum and tungsten on the growth of barley seedlings and the activity of aldehyde oxidase under salinity [J]. Journal of Plant Physiology, 2018 (228): 189-196.

[219] De Palma G, Manini P, Sarnico M, et al. Biological monitoring of tungsten (and cobalt) in workers of a hard metal alloy industry [J]. International Archives of Occupational and Environmental Health, 2010 (83): 173-181.

[220] Broding H C, Michalke B, Göen T, et al. Comparison between exhaled breath condensate analysis as a marker for cobalt and tungsten exposure and biomonitoring in workers of a hard

metal alloy processing plant [J]. International Archives of Occupational and Environmental Health, 2009 (82): 565-573.

[221] Lin C, Li R, Cheng H, et al. Tungsten distribution in soil and rice in the vicinity of the world's largest and longest-operating tungsten mine in China [J]. PLOS ONE, 2014 (9): e91981.

[222] James B, Zhang W, Sun P, et al. Tungsten (W) bioavailability in paddy rice soils and its accumulation in rice (Oryza sativa) [J]. International Journal of Environmental Health Research, 2017 (27): 487-497.

[223] Bastian S, Busch W, Kühnel D, et al. Toxicity of tungsten carbide and cobalt-doped tungsten carbide nanoparticles in mammalian cells in vitro [M]. National Institute of Environmental Health Sciences. 2009.

[224] Busch W, Kühnel D, Schirmer K, et al. Tungsten carbide cobalt nanoparticles exert hypoxia-like effects on the gene expression level in human keratinocytes [J]. BMC Genomics, 2010 (11): 1-21.

[225] Kelly A D, Lemaire M, Young Y K, et al. In vivo tungsten exposure alters B-cell development and increases DNA damage in murine bone marrow [J]. Toxicological Sciences, 2013 (131): 434-446.

[226] Osterburg A R, Robinson C T, Schwemberger S, et al. Sodium tungstate (Na_2WO_4) exposure increases apoptosis in human peripheral blood lymphocytes [J]. Journal of Immunotoxicology, 2010 (7): 174-182.

[227] Moche H, Chevalier D, Vezin H, et al. Genotoxicity of tungsten carbide-Cobalt (WC-Co) nanoparticles in vitro: Mechanisms-of-action studies [J]. Mutation Research/Genetic Toxicology and Environmental Mutagenesis, 2015 (779): 15-22.

[228] Strigul N, Galdun C, Vaccari L, et al. Influence of speciation on tungsten toxicity [J]. Desalination, 2009 (248): 869-879.

[229] Plattes M, Bertrand A, Schmitt B, et al. Removal of tungsten oxyanions from industrial wastewater by precipitation, coagulation and flocculation processes [J]. Journal of Hazardous Materials, 2007 (148): 613-615.

[230] Ogi T, Makino T, Nagai S, et al. Facile and efficient removal of tungsten anions using lysine-promoted precipitation for recycling high-purity tungsten [J]. ACS Sustainable Chemistry & Engineering, 2017 (5): 3141-3147.

[231] Iwai T, Hashimoto Y. Adsorption of tungstate (WO_4) on birnessite, ferrihydrite, gibbsite, goethite and montmorillonite as affected by pH and competitive phosphate (PO_4) and molybdate (MoO_4) oxyanions [J]. Applied Clay Science, 2017 (143): 372-377.

[232] Cao Y, Guo Q, Shu Z, et al. Tungstate removal from aqueous solution by nanocrystalline iowaite: An iron-bearing layered double hydroxide [J]. Environmental Pollution, 2019 (247): 118-127.

[233] Luo L, Guo Q, Cao Y. Uptake of aqueous tungsten and molybdenum by a nitrate intercalated, pyroaurite-like anion exchangeable clay [J]. Applied Clay Science, 2019 (180): 105179.

[234] Ogata F, Nakamura T, Ueta E, et al. Adsorption of tungsten ion with a novel Fe-Mg type

hydrotalcite prepared at different Mg^{2+}/Fe^{3+} ratios [J]. Journal of Environmental Chemical Engineering, 2017 (5): 3083-3090.

[235] Braida W, Christodoulatos C, Ogundipe A, et al. Electrokinetic treatment of firing ranges containing tungsten-contaminated soils [J]. Journal of Hazardous Materials, 2007 (149): 562-567.

[236] Erdemir Ü S, Arslan H, Güleryüz G, et al. Elemental composition of plant species from an abandoned tungsten mining area: are they useful for biogeochemical exploration and/or phytoremediation purposes? [J]. Bulletin of Environmental Contamination and Toxicology, 2017 (98): 299-303.

[237] Park J H, Han H J. Effect of tungsten-resistant bacteria on uptake of tungsten by lettuce and tungsten speciation in plants [J]. Journal of Hazardous Materials, 2019 (379): 120825.

[238] Petruzzelli G, Pedron F. Influence of Increasing Tungsten Concentrations and Soil Characteristics on Plant Uptake: Greenhouse Experiments with Zea mays [J]. Applied Sciences, 2019 (9): 3998.

[239] Gustafsson J P. Modelling molybdate and tungstate adsorption to ferrihydrite [J]. Chemical Geology, 2003 (200): 105-115.

[240] Du H, Xu Z, Hu M, et al. Natural organic matter decreases uptake of W (Ⅵ), and reduces W (Ⅵ) to W (Ⅴ), during adsorption to ferrihydrite [J]. Chemical Geology, 2020 (540): 119567.

[241] Muir B, Andrunik D, Hyla J, et al. The removal of molybdates and tungstates from aqueous solution by organo-smectites [J]. Applied Clay Science, 2017 (136): 8-17.

[242] Taleb K, Pillin I, Grohens Y, et al. Gemini surfactant modified clays: Effect of surfactant loading and spacer length [J]. Applied Clay Science, 2018 (161): 48-56.

[243] Luo Z, Gao M, Ye Y, et al. Modification of reduced-charge montmorillonites by a series of Gemini surfactants: characterization and application in methyl orange removal [J]. Applied Surface Science, 2015 (324): 807-816.

[244] Ren H P, Tian S P, Zhu M, et al. Modification of montmorillonite by Gemini surfactants with different chain lengths and its adsorption behavior for methyl orange [J]. Applied Clay Science, 2018 (151): 29-36.

[245] Qiu J, Liu D, Wang Y, et al. Comprehensive characterization of the structure and gel property of organo-montmorillonite: effect of layer charge density of montmorillonite and carbon chain length of alkyl ammonium [J]. Minerals, 2020 (10): 378.

[246] Pourreza N, Mohammadi Sedehi I. Catalytic spectrophotometric determination of tungsten using the malachite green-Ti (Ⅲ) redox reaction and a thiocyanate activator [J]. Talanta, 2002 (56): 435-439.

[247] Chen T, Yuan Y, Zhao Y, et al. Preparation of montmorillonite nanosheets through freezing/thawing and ultrasonic exfoliation [J]. Langmuir, 2019 (35): 2368-2374.

[248] Davantès A, Costa D, Lefèvre G. Infrared study of (poly) tungstate ions in solution and sorbed into layered double hydroxides: vibrational calculations and in situ analysis [J]. The Journal

of Physical Chemistry C, 2015 (119): 12356-12364.

[249] Li Z, Lu J, Wu S, et al. Sustainable Extraction and Complete Separation of Tungsten from Ammonium Molybdate Solution by Primary Amine N1923 [J]. ACS Sustainable Chemistry & Engineering, 2020 (8): 6914-6923.

[250] Smith B J, Patrick V A. Quantitative determination of sodium metatungstate speciation by 183W NMR spectroscopy [J]. Australian Journal of Chemistry, 2000 (53): 965-970.

[251] Xu Y, Lay J, Korte F. Fate and effects of xanthates in laboratory freshwater systems [J]. Bulletin of Environmental Contamination and Toxicology, 1988 (41): 683-689.

[252] Okibe N, Johnson D B. Toxicity of flotation reagents to moderately thermophilic bioleaching microorganisms [J]. Biotechnology Letters, 2002 (24): 2011-2016.

[253] Chockalingam E, Subramanian S, Natarajan K. Studies on biodegradation of organic flotation collectors using Bacillus polymyxa [J]. Hydrometallurgy, 2003 (71): 249-256.

[254] Pearse M. An overview of the use of chemical reagents in mineral processing [J]. Minerals Engineering, 2005 (18): 139-149.

[255] Molina G C, Cayo C H, Rodrigues M A S, et al. Sodium isopropyl xanthate degradation by advanced oxidation processes [J]. Minerals Engineering, 2013 (45): 88-93.

[256] Rao S, Finch J. A review of water re-use in flotation [J]. Minerals Engineering, 1989 (2): 65-85.

[257] Xiao Q, Ouyang L. Photocatalytic photodegradation of xanthate over C, N, S-tridoped TiO_2 nanotubes under visible light irradiation [J]. Journal of Physics and Chemistry of Solids, 2011 (72): 39-44.

[258] Iwasaki I, Cooke S R. The decomposition of xanthate in acid solution [J]. Journal of the American Chemical Society, 1958 (80): 285-288.

[259] Wu P, Zhang Q, Dai Y, et al. Adsorption of Cu (Ⅱ), Cd (Ⅱ) and Cr (Ⅲ) ions from aqueous solutions on humic acid modified Ca-montmorillonite [J]. Geoderma, 2011 (164): 215-219.

[260] Hou Y, Ma L, Gao Z, Wang F, et al. The driving forces for nitrogen and phosphorus flows in the food chain of China, 1980 to 2010 [J]. Journal of Environmental Quality, 2013 (42): 962-971.

[261] Chen R, Ao D, Ji J, et al. Insight into the risk of replenishing urban landscape ponds with reclaimed wastewater [J]. Journal of Hazardous Materials, 2017 (324): 573-582.

[262] Doederer K, Gernjak W, Weinberg H S, et al. Factors affecting the formation of disinfection by-products during chlorination and chloramination of secondary effluent for the production of high quality recycled water [J]. Water Research, 2014 (48): 218-228.

[263] Bryan N S, Alexander D D, Coughlin J R, et al. Ingested nitrate and nitrite and stomach cancer risk: an updated review [J]. Food and Chemical Toxicology, 2012 (50): 3646-3665.

[264] Hwang H, Dwyer J, Russell R M. Diet, Helicobacter pylori infection, food preservation and gastric cancer risk: are there new roles for preventative factors? [J]. Nutrition Reviews,

1994 (52): 75-83.

[265] Forman D, Al Dabbagh S, Doll R. Nitrates, nitrites and gastric cancer in Great Britain [J]. Nature, 1985 (313): 620-625.

[266] Lürling M, Van Oosterhout F. Controlling eutrophication by combined bloom precipitation and sediment phosphorus inactivation [J]. Water Research, 2013 (47): 6527-6537.

[267] Yu J, Ding S, Zhong J, et al. Evaluation of simulated dredging to control internal phosphorus release from sediments: focused on phosphorus transfer and resupply across the sediment-water interface [J]. Science of the Total Environment, 2017 (592): 662-673.

[268] Gong B, Wang Y, Wang J, et al. Intensified nitrogen and phosphorus removal by embedding electrolysis in an anaerobic-anoxic-oxic reactor treating low carbon/nitrogen wastewater [J]. Bioresource Technology, 2018 (256): 562-565.

[269] Brown P, Ong S K, Lee Y W. Influence of anoxic and anaerobic hydraulic retention time on biological nitrogen and phosphorus removal in a membrane bioreactor [J]. Desalination, 2011 (270): 227-232.

[270] Luo W, Huang Q, Zhang X, et al. Lanthanum/Gemini surfactant-modified montmorillonite for simultaneous removal of phosphate and nitrate from aqueous solution [J]. Journal of Water Process Engineering, 2020 (33).

[271] Huang Q, Li X, Ren S, et al. Removal of ethyl, isobutyl, and isoamyl xanthates using cationic gemini surfactant-modified montmorillonites [J]. Colloids and Surfaces A: Physicochemical and Engineering Aspects, 2019 (580).

[272] Zhan Y, Lin J, Zhu Z. Removal of nitrate from aqueous solution using cetylpyridinium bromide (CPB) modified zeolite as adsorbent [J]. Journal of Hazardous Materials, 2011 (186): 1972-1978.

[273] He H, Huang Y, Yan M, et al. Synergistic effect of electrostatic adsorption and ion exchange for efficient removal of nitrate [J]. Colloids and Surfaces A: Physicochemical and Engineering Aspects, 2020 (584): 123973.

[274] Kuzawa K, Jung Y J, Kiso Y, et al. Phosphate removal and recovery with a synthetic hydrotalcite as an adsorbent [J]. Chemosphere, 2006 (62): 45-52.

[275] Pham T H, Lee K M, Kim M S, et al. La-modified ZSM-5 zeolite beads for enhancement in removal and recovery of phosphate [J]. Microporous and Mesoporous Materials, 2019 (279): 37-44.

[276] Wu K, Li Y, Liu T, et al. The simultaneous adsorption of nitrate and phosphate by an organic-modified aluminum-manganese bimetal oxide: Adsorption properties and mechanisms [J]. Applied Surface Science, 2019 (478): 539-551.

[277] Zhu R, Wang T, Ge F, et al. Intercalation of both CTMAB and Al_{13} into montmorillonite [J]. Journal of Colloid and Interface Science, 2009 (335): 77-83.

[278] Dithmer L, Lipton A S, Reitzel K, et al. Characterization of phosphate sequestration by a lanthanum modified bentonite clay: a solid-state NMR, EXAFS, and PXRD study [J]. Environmental Science & Technology, 2015 (49): 4559-4566.

[279] Wang Y, Ding S, Wang D, et al. Static layer: a key to immobilization of phosphorus in sediments amended with lanthanum modified bentonite (Phoslock ®) [J]. Chemical Engineering Journal, 2017 (325): 49-58.

[280] Ding S, Sun Q, Chen X, et al. Synergistic adsorption of phosphorus by iron in lanthanum modified bentonite (Phoslock ®): new insight into sediment phosphorus immobilization [J]. Water Research, 2018 (134): 32-43.

[281] Kuroki V, Bosco G E, Fadini P S, et al. Use of a La (Ⅲ)-modified bentonite for effective phosphate removal from aqueous media [J]. Journal of Hazardous Materials, 2014 (274): 124-131.

[282] Moldoveanu G A, Papangelakis V G. Recovery of rare earth elements adsorbed on clay minerals: I. Desorption mechanism [J]. Hydrometallurgy, 2012 (117): 71-78.

[283] Lürling M, Waajen G, van Oosterhout F. Humic substances interfere with phosphate removal by lanthanum modified clay in controlling eutrophication [J]. Water Research, 2014 (54): 78-88.

[284] Behnsen J, Riebe B. Anion selectivity of organobentonites [J]. Applied Geochemistry, 2008 (23): 2746-2752.

[285] Koilraj P, Sasaki K. Selective removal of phosphate using La-porous carbon composites from aqueous solutions: batch and column studies [J]. Chemical Engineering Journal, 2017 (317): 1059-1068.

[286] Nodeh H R, Sereshti H, Afsharian E Z, et al. Enhanced removal of phosphate and nitrate ions from aqueous media using nanosized lanthanum hydrous doped on magnetic graphene nanocomposite [J]. Journal of Environmental Management, 2017 (197): 265-274.

[287] Su C, Puls R W. Arsenate and arsenite removal by zerovalent iron: effects of phosphate, silicate, carbonate, borate, sulfate, chromate, molybdate, and nitrate, relative to chloride [J]. Environmental Science & Technology, 2001 (35): 4562-4568.

[288] Tansel B. Significance of thermodynamic and physical characteristics on permeation of ions during membrane separation: Hydrated radius, hydration free energy and viscous effects [J]. Separation and Purification Technology, 2012 (86): 119-126.

[289] Pan B, Xie Q, Wang H, et al. Synthesis and photocatalytic hydrogen production of a novel photocatalyst $LaCO_3OH$ [J]. Journal of Materials Chemistry A, 2013 (1): 6629-6634.

[290] Mu Q, Wang Y. Synthesis, characterization, shape-preserved transformation, and optical properties of La $(OH)_3$, $La_2O_2CO_3$, and La_2O_3 nanorods [J]. Journal of Alloys and Compounds, 2011 (509): 396-401.

[291] Li Y, Wang X, Wang J. Cation exchange, interlayer spacing, and thermal analysis of Na/Ca-montmorillonite modified with alkaline and alkaline earth metal ions [J]. Journal of Thermal Analysis and Calorimetry, 2012 (110): 1199-1206.

[292] Schilling M R. Effects of sample size and packing in the thermogravimetric analysis of calcium montmorillonite STx-1 [J]. Clays and Clay Minerals, 1990 (38): 556-558.

[293] Luo W, Ouyang J, Antwi P, et al. Microwave/ultrasound-assisted modification of montmoril-

lonite by conventional and gemini alkyl quaternary ammonium salts for adsorption of chromate and phenol: Structure-function relationship [J]. Science of the Total Environment, 2019 (655): 1104-1112.

[294] Cui X, Li H, Yao Z, et al. Removal of nitrate and phosphate by chitosan composited beads derived from crude oil refinery waste: Sorption and cost-benefit analysis [J]. Journal of Cleaner Production, 2019 (207): 846-856.

[295] Xiong W, Tong J, Yang Z, et al. Adsorption of phosphate from aqueous solution using iron-zirconium modified activated carbon nanofiber: performance and mechanism [J]. Journal of Colloid and Interface Science, 2017 (493): 17-23.

[296] Chen J, Yan L G, Yu H Q, et al. Efficient removal of phosphate by facile prepared magnetic diatomite and illite clay from aqueous solution [J]. Chemical Engineering Journal, 2016 (287): 162-172.

[297] Giles C H, Smith D, Huitson A. A general treatment and classification of the solute adsorption isotherm. I. Theoretical [J]. Journal of Colloid and Interface Science, 1974 (47): 755-765.

[298] Parmar K, Bhattacharjee S. Energetically benign synthesis of lanthanum silicate through "silica garden" route and its characterization [J]. Materials Chemistry and Physics, 2017 (194): 147-152.

[299] Miller F A, Wilkins C H. Infrared spectra and characteristic frequencies of inorganic ions [J]. Analytical Chemistry, 1952 (24): 1253-1294.

[300] Zhang X, Wang W, Shi W, et al. Carbon nanofiber matrix with embedded $LaCO_3OH$ synchronously captures phosphate and organic carbon to starve bacteria [J]. Journal of Materials Chemistry A, 2016 (4): 12799-12806.

[301] Bhardwaj D, Sharma M, Sharma P, et al. Synthesis and surfactant modification of clinoptilolite and montmorillonite for the removal of nitrate and preparation of slow release nitrogen fertilizer [J]. Journal of Hazardous Materials, 2012 (227): 292-300.

[302] Banu H T, Meenakshi S. One pot synthesis of chitosan grafted quaternized resin for the removal of nitrate and phosphate from aqueous solution [J]. International Journal of Biological Macromolecules, 2017 (104): 1517-1527.

[303] Srinivasarao K, Prabhu S M, Luo W, et al. Enhanced adsorption of perchlorate by gemini surfactant-modified montmorillonite: synthesis, characterization and their adsorption mechanism [J]. Applied Clay Science, 2018 (163): 46-55.

[304] Miller A, Kruichak J, Mills M, et al. Iodide uptake by negatively charged clay interlayers? [J]. Journal of Environmental Radioactivity, 2015 (147): 108-114.

[305] Meleshyn A, Bunnenberg C. Interlayer expansion and mechanisms of anion sorption of Na-montmorillonite modified by cetylpyridinium chloride: A Monte Carlo study [J]. The Journal of Physical Chemistry B, 2006 (110): 2271-2277.

[306] Kumar I A, Viswanathan N. Hydrothermal fabrication of zirconium oxyhydroxide capped chitosan/kaolin framework for highly selective nitrate and phosphate retention [J]. Industrial & Engineering Chemistry Research, 2018 (57): 14470-14481.

[307] Martínez M M, Ocampo Cardona R, Aguirre Cortés J M, et al. Palladium nanoparticles from a surfactant-modified hydroxysalt exchanged with tetrachloropalladate [J]. Dyna, 2018 (85): 142-147.

[308] Råsmark P J, Andersson M, Lindgren J, et al. Differences in binding of a cationic surfactant to cross-linked sodium poly (acrylate) and sodium poly (styrene sulfonate) studied by Raman spectroscopy [J]. Langmuir, 2005 (21): 2761-2765.

[309] Gu B, Brown G M, Maya L, et al. Regeneration of perchlorate (ClO_4^-) -loaded anion exchange resins by a novel tetrachloroferrate ($FeCl_4^-$) displacement technique [J]. Environmental Science & Technology, 2001 (35): 3363-3368.

[310] Kowsari E, Mohammadi M. Synthesis of reduced and functional graphene oxide with magnetic ionic liquid and its application as an electromagnetic-absorbing coating [J]. Composites Science and Technology, 2016 (126): 106-114.

[311] Schmidt R, Stöcker M, Hansen E, et al. MCM-41: a model system for adsorption studies on mesoporous materials [J]. Microporous Materials, 1995 (3): 443-448.

[312] Tschapek M, Grazan A. The transference numbers of the counter-ions in montmorillonite paste as a function of water film thickness and electrolyte concentration [J]. Clays and Clay Minerals, 1973 (21): 97-101.

[313] Wang C C, Juang L C, Lee C K, et al. Effects of exchanged surfactant cations on the pore structure and adsorption characteristics of montmorillonite [J]. Journal of Colloid and Interface Science, 2004 (280): 27-35.

[314] El Hanache L, Lebeau B, Nouali H, et al. Performance of surfactant-modified BEA-type zeolite nanosponges for the removal of nitrate in contaminated water: Effect of the external surface [J]. Journal of Hazardous Materials, 2019 (364): 206-217.

[315] Thistleton J, Berry T A, Pearce P, et al. Mechanisms of chemical phosphorus removal Ⅱ: Iron (Ⅲ) salts [J]. Process Safety and Environmental Protection, 2002 (80): 265-269.

[316] Bull P S, Evans J V, Knight R J. Removal of radioactive strontium from water by coagulation-flocculation with ferric hydroxide [J]. Journal of Applied Chemistry and Biotechnology, 1975 (25): 801-807.